「明日から Slack 使って」と言われたら読む本

向井 領治［著］
Mukai Ryoji

本書刊行後のSlackのインターフェイス等の変更につきましては
著者による以下のWebページにてフォローアップを行っています。

https://www.mukairyoji.com/archives/584

■本書の内容は執筆時点での情報に基づいています。

■本書の執筆で使用したOS環境はWindows 10、macOS Catalina (10.15)、iPhone用のiOS 13、Android 8です。なお、Slackや各ソフトウェアのバージョン、各Webサイトの更新状態、あるいは操作環境の相違などによって、本書の記載と異なる場合があります。

■本書に記載された内容による運用において、いかなる障害が生じても株式会社ラトルズならびに著者、本書制作関係者は一切の責任を負いません。

introduction はじめに

本書は、とくにITに詳しくない社会人や学生の方などを対象に、突然「明日からSlackを使うからよろしく」といわれても、ひととおりのコミュニケーションが取れるようになることを目標にしたSlackの入門書です。また、いまはチャットしか使っていないものの、もう少し便利に使いたいというような方にも、機能から調べる逆引き辞典として使えるように配慮しました。

Slackのおもな機能はチームメンバーの間で情報をやり取りしてプロジェクトを進めることですが、よくわからないサービスをいきなり人前で使うのは気が進まないかもしれません。しかし実は、自分専用のワークスペースを作って便利に使っている方は少なくないようです。これは独習にはぴったりです。

そこで本書では、まず自分自身が運営者(ワークスペースのオーナー)となって、基本的な機能を1人で学ぶことから始めます。次にチームメンバーとのコミュニケーション機能を学び、ファイルや文書の共有ができるようになることをゴールとします。管理機能を学ぶことで個別の機能の背景を理解すれば、実際の業務でオーナーになったときも役立つでしょう。

Slackには無料のプランと有料のプランがありますが、本書では無料でできることに限定して紹介しています。それでも、独習や小さなチームでは十分便利に役立ちます。もっと大規模に導入して有料プランを契約することになっても、本書の内容が基本であることに変わりありません。

なお、本書はあくまでも技術的なことのみを紹介していきます。実際には運用ポリシーの策定や、チームリーダーによる雰囲気作りが重要ですが、これはSlack公式サイトの事例紹介などの生の声を参考にしてください。本書で基礎知識を踏まえた後にそれらを読むと、自分のチームではどうすればよいのか、イメージもできることでしょう。

本書が読者の皆様のお役に立てば幸いです。

◉――2020年春　**向井領治**

「明日からSlack使って」と言われたら読む本［目次］

第1章●Slackをはじめよう　11

1-1 Slackの特徴 ► 12
1-1-1 「共有します」って、本当ですか?――12
1-1-2 気軽に話し、蓄積になる――12
1-1-3 必要な相手と情報共有する――14
1-1-4 ツールを連携する――14
1-1-5 クロスプラットフォームで使える――16
1-1-6 本書を読み進める前に――16

1-2 Slackを準備する ► 17
1-2-1 作業の概要――17
1-2-2 用意するもの、考えておくもの――19
1-2-3 利用できる端末――20
1-2-4 無料プランと有料プラン――21

1-3 Slackをはじめる ► 22
1-3-1 パソコンで初めて使う準備をする――22
1-3-2 モバイル端末で初めて使う準備をする――34
1-3-3 パソコンからサインインする――44
1-3-4 モバイル端末でサインインする――46

1-4 Slackを終了する ► 49
1-4-1 アプリを終了する――49
1-4-2 バックグラウンドで動作させない設定――49
1-4-3 サインアウトする――51

第2章●まず1人でやってみよう　53

2-1 基本的な画面構成 ► 54
2-1-1 Windows版、Mac版の画面構成――54
2-1-2 iPhone版の画面構成――56

2-1-3　Android版の画面構成──58

2-2　自分のプロフィールを変える ▶ 60
2-2-1　プロフィールに設定できる項目──60
2-2-2　パソコンでプロフィールを変える──61
2-2-3　モバイル端末でプロフィールを変える──64

2-3　自分のステータスを設定する ▶ 67
2-3-1　ステータスの使い方──67
2-3-2　パソコンでステータスを設定する──67
2-3-3　モバイル端末でステータスを設定する──69
2-3-4　任意のステータスを設定する──71

2-4　自分のログイン状態を設定する ▶ 73
2-4-1　ログイン状態は3種類──73
2-4-2　パソコンで「アクティブ／離席中」を変更する──74
2-4-3　モバイル端末で「アクティブ／離席中」を変更する──75
2-4-4　パソコンでおやすみモードを設定する──76
2-4-5　モバイル端末でおやすみモードを設定する──77
2-4-6　パソコンでおやすみモードを設定する──79
2-4-7　モバイル端末でおやすみモードを設定する──80

2-5　自分にダイレクトメッセージを送る ▶ 82
2-5-1　ダイレクトメッセージとは──82
2-5-2　パソコンでダイレクトメッセージを送る──83
2-5-3　モバイル端末でダイレクトメッセージを送る──85
2-5-4　書きかけのメッセージ──88

2-6　メッセージを装飾する ▶ 90
2-6-1　パソコンでメッセージを装飾する──90
2-6-2　モバイル端末でメッセージを装飾する──91
2-6-3　URLを入力してリンクを設定する──92
2-6-4　プログラムコード用の書式を設定する──93
2-6-5　記号を使って設定する──93

2-7　絵文字を使う ▶ 95
2-7-1　パソコンで絵文字を使う──95
2-7-2　iPhoneで絵文字を使う──96

2-7-3 Androidで絵文字を使う―― 97
2-7-4 絵文字だけを送る―― 98
2-7-5 文字で絵文字を入力する―― 98

2-8 送信済みメッセージを編集する ► 101
2-8-1 パソコンで送信済みメッセージを編集する―― 101
2-8-2 モバイル端末で送信済みメッセージを編集する―― 103

2-9 画像を送信する ► 106
2-9-1 パソコンで画像ファイルを送信する―― 106
2-9-2 iPhoneで画像を送信する―― 108
2-9-3 Androidで画像を送信する―― 110

2-10 リマインダーを使う ► 112
2-10-1 リマインダーとは―― 112
2-10-2 パソコンでリマインダーを使う―― 113
2-10-3 モバイル端末でリマインダーを使う―― 116
2-10-4 リマインダーのリストを表示する―― 119
2-10-5 リマインダーの送信先―― 119

2-11 Slackbotを使う ► 121
2-11-1 Slackbotとは―― 121
2-11-2 ヘルプデスクとして使う―― 122

2-12 画面の色づかいを変える ► 124
2-12-1 パソコンで色づかいを変える―― 124
2-12-2 オリジナルの色づかいを設定する―― 126

2-13 ワークスペースの管理 ► 128
2-13-1 パソコンからワークスペース管理のWebを開く―― 128
2-13-2 モバイル端末からワークスペース管理のWebを開く―― 130
2-13-3 Webブラウザでワークスペースを切り替える―― 132

2-14 ワークスペースのアイコン、名前、ステータスのリストを変える ► 134
2-14-1 ワークスペースのアイコンを変える―― 134
2-14-2 ワークスペースの名前を変える―― 138
2-14-3 ステータスのリストを変更する―― 140

第3章 チームのメンバーに参加してもらおう 143

3-1 ワークスペース、チャンネル、メンバー種別 ▶ 144

3-1-1 ワークスペースとは―― 144
3-1-2 チャンネルとは―― 145
3-1-3 ワークスペースとチャンネルの使い分け―― 148
3-1-4 メンバー種別―― 148

3-2 ワークスペースを追加作成する ▶ 150

3-2-1 パソコンでワークスペースを追加する―― 150
3-2-2 パソコンで複数のワークスペースを切り替える―― 158
3-2-3 モバイル端末でワークスペースを追加する―― 159
3-2-4 モバイル端末でワークスペースを切り替える―― 164
3-2-5 ワークスペースを削除する―― 166
3-2-6 アプリのサインインは端末ごとに必要―― 169

3-3 メンバーを招待する ▶ 171

3-3-1 パソコンでメンバーを招待する―― 171
3-3-2 モバイル端末でメンバーを招待する―― 174
3-3-3 招待したメンバーが参加すると―― 174
3-3-4 メンバー招待を承認制にする―― 175
3-3-5 招待をリクエストする―― 178

3-4 メンバーの招待を受ける ▶ 180

3-4-1 パソコンでメンバーの招待を受ける―― 180
3-4-2 モバイル端末でメンバーの招待を受ける―― 183

3-5 メンバーを管理する ▶ 185

3-5-1 パソコンでメンバー管理のWebを開く―― 185
3-5-2 メンバー種別を変更する―― 187
3-5-3 メンバーの招待を管理する―― 188
3-5-4 メンバーのアカウントを停止・再開する―― 188
3-5-5 プライマリオーナーの権限を譲渡する―― 189
3-5-6 自分のアカウントを停止する―― 192

3-6 自分のメールアドレスを変更する ▶ 196

3-6-1 パソコンから自分のメールアドレスを変更する―― 196
3-6-2 モバイル端末から自分のメールアドレスを変更する―― 200

3-7 カスタム絵文字を使う ► 202
3-7-1 カスタム絵文字を作成する——202
3-7-2 カスタム絵文字を使う——204
3-7-3 カスタム絵文字を管理する——205
3-7-4 カスタム絵文字を登録できるメンバーを制限する——207

3-8 Slackbotに特定の語句に対する返信を登録する ► 210
3-8-1 パソコンでSlackbot返信のWebページを開く——210
3-8-2 モバイル端末でSlackbotのWebページを開く——211
3-8-3 Slackbot返信のキーワードと内容を設定する——213
3-8-4 Slackbotに返信してもらう——214

第4章 チームのメンバーとやりとりしよう 215

4-1 メンバー一覧と相手の状態を調べる ► 216
4-1-1 パソコンでメンバー一覧を調べる——216
4-1-2 モバイル端末でメンバー一覧を調べる——218
4-1-3 主要な相手は「ダイレクトメッセージ」で確認——219

4-2 個人間でメッセージを送る ► 220
4-2-1 パソコンでダイレクトメッセージの相手を探す——220
4-2-2 モバイル端末でダイレクトメッセージの相手を探す——223
4-2-3 複数の相手にダイレクトメッセージを送る——225
4-2-4 グループメッセージをプライベートチャンネルへ変換する——227
4-2-5 ビデオ・音声で通話する——230

4-3 チャンネルを作る ► 233
4-3-1 パソコンでチャンネルを作る——233
4-3-2 モバイル端末でチャンネルを作る——234
4-3-3 チャンネル名のプレフィックスを決める——237

4-4 チャンネルへ参加する ► 241
4-4-1 パソコンでチャンネル一覧を調べて参加する——241
4-4-2 モバイル端末でチャンネル一覧を調べる——243

4-5 チャンネルへメンバーを招待する ► 245
4-5-1 パソコンでチャンネルへメンバーを招待する――― 245
4-5-2 モバイル端末でチャンネルへメンバーを招待する――― 247
4-5-3 チャンネルへ招待されると――― 249
4-5-4 特定のメンバーをチャンネルから外す――― 250
4-5-5 自分からチャンネルを退出する――― 252

4-6 メッセージに対応する ► 254
4-6-1 パソコンでメッセージに対応する――― 254
4-6-2 モバイル端末でメッセージに対応する――― 254
4-6-3 絵文字だけで対応する――― 255
4-6-4 スレッドに分ける――― 256
4-6-5 スターを付ける――― 258
4-6-6 ピンで留める――― 260

4-7 通知の設定を変える ► 264
4-7-1 通知について――― 264
4-7-2 パソコンで基本的な通知の設定を変える――― 266
4-7-3 モバイル端末で基本的な通知の設定を変える――― 267
4-7-4 パソコンとモバイル端末で別の設定をする――― 268
4-7-5 通知のタイミングを変える――― 269
4-7-6 メールによる通知の頻度を減らす、止める――― 270
4-7-7 相手の注意を引く――― 271
4-7-8 注意したいキーワードを登録する――― 273
4-7-9 注目すべきリアクションの一覧を調べる――― 275
4-7-10 チャンネルやダイレクトメッセージごとに通知を止める――― 276

4-8 チャンネルのそのほかのオプション ► 279
4-8-1 チャンネルの名前、説明、トピックを変更する――― 279
4-8-2 チャンネルをアーカイブする――― 281
4-8-3 チャンネルを削除する――― 283
4-8-4 チャンネル管理の権限を設定する――― 284

4-9 メッセージやファイルを検索する ► 286
4-9-1 パソコンで検索する――― 286
4-9-2 モバイル端末で検索する――― 287

第5章 ビジネスで使ってみよう 289

5-1 ファイルを共有する ► 290

5-1-1 ファイル保管とサイズについて——290
5-1-2 パソコンでファイルをアップロードする——290
5-1-3 iPhoneでファイルをアップロードする——293
5-1-4 Androidでファイルをアップロードする——295
5-1-5 アップロードしたファイルの一覧を調べる——297
5-1-6 外部リンクに関する注意——300
5-1-7 ファイルの削除に関する注意——300

5-2 Slackアプリ内で文書を作成する ► 301

5-2-1 スニペットとポスト——301
5-2-2 パソコンでスニペットを作成する——301
5-2-3 パソコンでポストを作成する——304
5-2-4 ポストに書式を設定する——307

5-3 追加Appで他社サービスと連携する ► 309

5-3-1 機能を追加するAppとは——309
5-3-2 Googleドライブアプリをインストールする——309
5-3-3 GoogleドライブをSlackから使う——313
5-3-4 Googleドライブの新規書類をSlackから作る——316
5-3-5 Googleカレンダーを使う——319
5-3-6 Evernoteアプリをインストールする——323
5-3-7 SlackからEvernoteへクリップする——326
5-3-8 Appの管理——328

Slackを はじめよう

Slackの特徴を把握し、アカウントやアプリの準備をはじめましょう。最初から独特の用語が登場するので、簡単に解説しながら手順を紹介します。パソコンとモバイル端末、2台目の端末などにもインストールできます。

1-1 Slackの特徴

Slackがどんなサービスであるのか、本書を手にされた方はおおよそのイメージは持っていると思いますが、まずはあらためて簡単に特徴を紹介します。

1-1-1 「共有します」って、本当ですか?

スマートフォンの時代に始まった「(情報を)共有します」という言葉は、いまやビジネスシーンで広く使われるようになりました。

同僚や上司だけでなく、取引先や委託先にいたるまで、相手が誰であっても同じように使える「共有」という言葉はとても便利です。プロジェクトを個人で企画・運営する場合は別として、何人ものメンバーとチームを組む場合に、情報共有がとても重要であることはいうまでもありません。

しかし、その情報は、本当に共有されているのでしょうか。ただメールのCcに入れたり、転送しただけで安心していないでしょうか。あるいは、メールの添付ファイルやクラウドストレージの中に埋もれていないでしょうか。情報が一元化されていないために、古いままの情報が残っていないでしょうか。

情報共有において大切なことは、情報を集約し、必要なときに速やかに取り出せることです。単に「送付」や「転送」を「共有」と言い換えているだけでは、情報を一方から他方へ流しているだけでしょう。

本書で紹介するSlackは、テキストで会話ができる「テキストチャット」を軸にした、コミュニケーションと情報集約のためのサービスです。もともとは社内のプログラマー同士がコミュニケーションを図るために作られたツールですが、独立した企業となり、現在ではコンピュータ開発とは関係がない一般企業や大学などでも、規模の大小を問わず広く導入が進んでいます。本書でSlackを使った情報共有をはじめてみましょう。

1-1-2 気軽に話し、蓄積になる

チャット形式で話し合いができるSlackは、メールに比べるとずっと気軽に使えますし、答えたことはあとから検索できるので知識の蓄積にもなります。

プロジェクトの進行中に疑問が出てきても、誰に尋ねればよいのかわからないことがあります。しかしメールでは、全員であれ、特定の個人であれ、なんとな

く送りづらいときもあるでしょう。

そのような場合は、テーマに向いていそうなチャンネルを選んで投稿できます。メンバーが多ければ、誰かが答えてくれる可能性があります。

Slackでの会話は検索対象になるので、あとから確認したくなったときは、検索すれば見つけられるようになります。つまり、Slackでのやりとりが、さまざまな情報の蓄積になります。情報を集約できれば、Web検索するようにプロジェクトのノウハウを探し出せるようになります。あらかじめ「いつか、誰かが(もしかして自分が)読み直して役立つかもしれない」と意識して書くと、さらに役立つことでしょう。

■気軽なコミュニケーションが蓄積になる

なお、Slackではメンバーのオンライン状況を自動で、「会議中」などのコメントを手動で設定できます。互いに相手の状況がリアルタイムでわかるので、いまだれがどうしているのか、すぐに返事をもらえそうか、あらかじめ判断できます。

● NOTE　Slackの無料プランでは、検索できるチャットの履歴が直近の1万件に限定されます。有料プランを契約するとこの限定がなくなります。契約前のチャットも残るので、無料プランから使い始めてあとから有料プランへ移行しても、過去のやりとりはムダになりません。

1-1-3 必要な相手と情報共有する

情報を共有するときは、知らせるべき相手へ知らせる（そうでない相手には知らせない）ことが大切です。

プロジェクトに関係するメンバーはさまざまです。専任であればわかりやすいのですが、実際には1人で複数のプロジェクトに関わっていたり、別の部署や外部のメンバーを呼ぶこともあるでしょう。全員に一斉に知らせたいこともあれば、個別に相談したいこともあるでしょう。

電子メールは広く使われていますが、汎用性が高い一方で、メールの宛先を間違えたり、引用が繰り返されて読みづらくなったり、すでに他人に引き継いだのにCcで送られてきたりという経験は誰にでもあるでしょう。

Slackでは、自分の組織を「ワークスペース」、プロジェクトごとのメンバーを「チャンネル」として、まとめて扱うことができます。1度きちんと設定すれば、次からはワークスペースやチャンネルを切り替えるだけで、共有したい相手を指定できます。

■プロジェクトごとにメンバーをまとめられるので宛先を間違えにくい

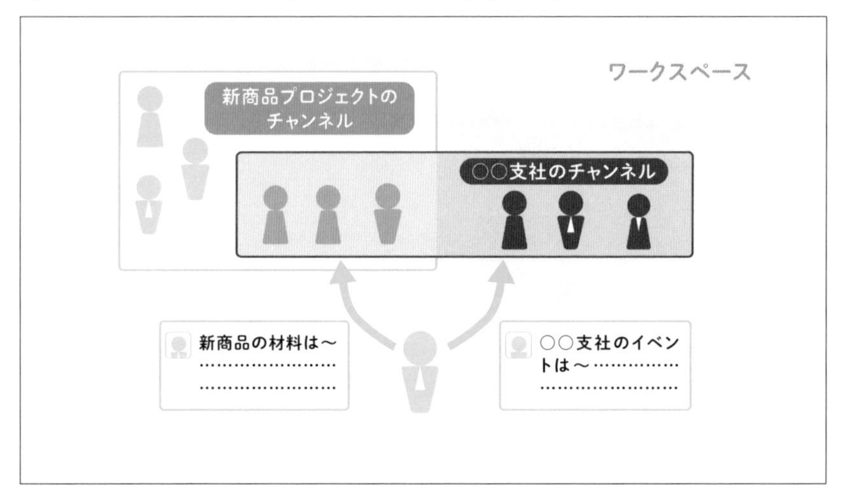

1-1-4 ツールを連携する

現状のよくある例として、連絡の手段やファイルの種類などによって、複数のツールを併用していることがあります。たとえば、連絡を取るにはメール、チャットにはFacebookメッセンジャー、ビデオ・音声通話にはSkype、ファイル交換にはDropbox、文書の共有にはGoogleドキュメント、メモの共有にはEvernote、……といったぐあいです。

Slackでは、これらの機能をすべて兼ね備えているので、情報を1か所に集約できます。あとから過去の情報を引き出したくなったときに、探す場所が1つで済みます。

実際には、すでに有料のプランを契約していたり、取引先が特定のツールを重視しているなどの事情で、いまからSlackへ集約できない場合もあるでしょう。また、それらのツールは専用のものとして作られているため、個別の使い勝手や機能に優れている面も多くあり、Slackの機能だけでは足りない場合もあるでしょう。

Slackは他社のサービスと連携できる「Slack App」という仕組みを持っているので、SlackからGoogleドキュメントを作成して部内のファイルとしてまとめて扱ったり、Googleカレンダーに登録したイベントをSlackから通知してもらったり、メッセージの履歴をEvernoteへ記録するなどの操作ができます（詳細はP.309「5-3 追加Appで他社サービスと連携する」を参照）。

このように、Slackだけですべてを済ませることも、Slackを通して他社サービスを使うこともできます。つまり、実際のファイルの置き場所がGoogleドライブなどであっても、起点としてSlackを使うことができます。

■他社サービスと連携できる

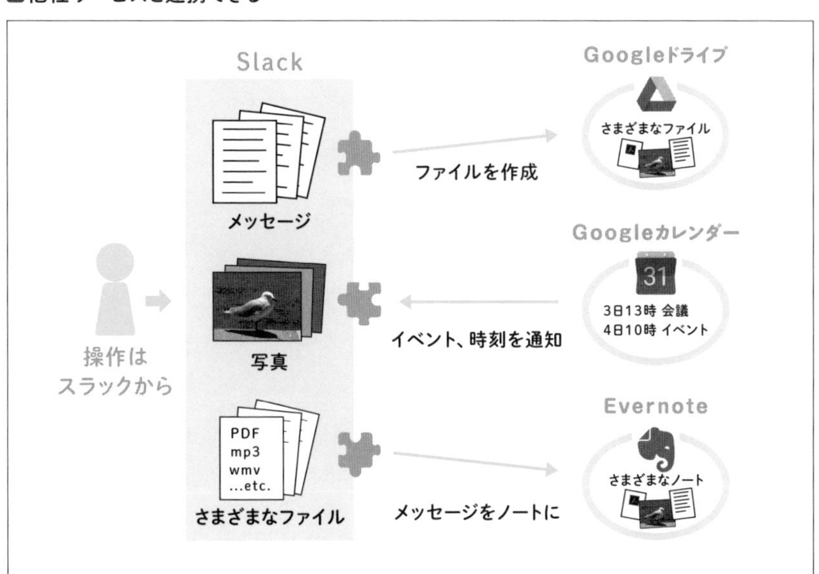

1-1-5 クロスプラットフォームで使える

Slackは、Windows、Mac、iPhoneとiPad、Android端末のいずれでも使える、クロスプラットフォーム対応のサービスです。アカウントも共通です。

このため、オフィスでパソコンを使っている間でも、外出中でモバイル端末を使っている間でも、ほぼ同じ情報を取り出せます（一部の機能はモバイル端末では制限されます）。帰社してパソコンを開かなくても、外出先でいますぐ過去の情報が必要になったときでも、Slackにまとめておけば手がかりだけでもすぐに見つけられるようになるでしょう。

1-1-6 本書を読み進める前に

本書を読み進める前に、読者の皆様へお願いがあります。

Slackは頻繁に機能改善を行い、専用アプリもアップデートしています。それにともない、機能と見た目もまた頻繁に更新されます。

本書の執筆にあたっては、重要な機能を優先的に紹介するとともに、執筆時点でできるだけ最新の情報を調べています。ただし、制作中や刊行以後に変更される可能性も十分あります。また、ある章と別の章で画面の一部が異なることもありえます。ご自身で適宜読み替えて頂きますようお願いいたします。

1-2 Slackを準備する

Slackの準備をはじめます。
手順は難しくありませんが、最初から独特の用語が登場するので、
基礎知識も少しずつ学びながら進めましょう。

1-2-1 作業の概要

Slackをはじめるには、①専用アプリのインストール、②ユーザーアカウントの作成、③ワークスペースへの参加、の3つが必要です。この節では、これらの作業を済ませて、次章から本格的に使いはじめるための準備をします。

① 専用アプリは無料で利用できます。パソコンからはWebブラウザでも利用できますが、日常的なやり取りには専用アプリのほうが便利です。また、スマートフォンから使うには専用アプリが必須です。
② ユーザーアカウントは、Facebookなどと同様に、サービスの利用者として登録するために作成します。有料プランを契約しなければ、費用はかかりません。
③ ワークスペースは、チームがコラボレーションする“スペース”(空間、場)となるものです。詳細は次章で紹介しますので、いまはとりあえず、「Slackという大きなビジネスビルの中で、各チームが間借りする部屋」とイメージしてください。

新規開始時のワークスペース

Slackをはじめるときに、ワークスペースへ参加する方法には2つあります。

- 他人が開設した、すでに運用中のワークスペースへ、メンバーの1人として参加する。
- 自分で新しくワークスペースを開設して、自分で参加する。

■ワークスペースへ参加するか、自分で開設するか

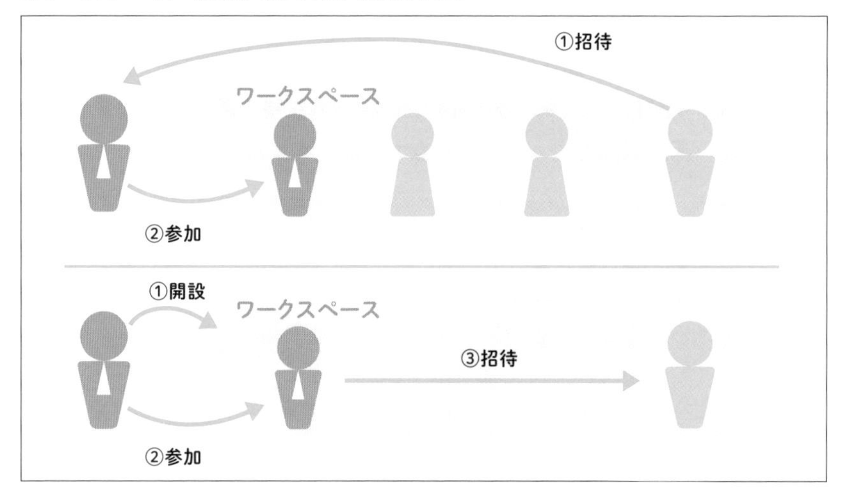

本書では、自分専用のワークスペースを作ることを前提に紹介を進めます。

招待メールを受け取ってSlackをはじめる場合

招待メールを受け取ってSlackをはじめる場合は、本書で紹介する手順を参考にして、招待メールの指示に従ってください。この場合は、他人が開設・運営しているワークスペースへ参加します。

この場合は、招待者が開設・運営しているワークスペースへ参加することになるため、本来は自分専用のワークスペースを作る必要はありません。

ただし、自分専用のワークスペースがあれば誰にも遠慮せずに練習ができますし、ほかのツールと連携するなど個人で利用しても便利ですので、別途自分専用のワークスペースを作ることをおすすめします。

あるいは、いったん招待メールを無視して本書で紹介する手順で使いはじめ、その後から招待メールを使って他人のワークスペースへ参加してもよいでしょう。

すでにSlackを使っている場合

すでにSlackを使っている場合は、アプリとアカウントはそのまま使ってください。新しく作り直す必要はありません。

ただし、自分専用のワークスペースを持っていない場合は、必要に応じて作成することをおすすめします。

1-2-2 用意するもの、考えておくもの

準備の手順の中で、以下のものが必要です。あらかじめ用意するか、考えておいてください。

メールアドレス

アカウントの登録や通知などに使います。日常的に使っているものがよいでしょう。あとで変更できます。

自分の表示名

Slackの画面に表示される自分の名前です。自由に設定できますし、あとから変更できます。

自分専用のワークスペースでは他人に見られることはないので、自由に決めてください。

自分専用のワークスペースのURL

ワークスペースへサインインするときに使います。実際のURLはあとに「slack.com」がついて「https://◎◎◎.slack.com」となります。たとえば「https://mukairyoji.slack.com」のようになります。

ワークスペースの名前と同じでもかまいませんが、先着順ですので、すでに同名のURLが使われている場合も考えておきましょう。あとから変更できますが、運用後に変更すると面倒ですので、初めによく考えておくことをおすすめします。

自分専用のワークスペースの名前

ワークスペースには自由に名前をつけられます。ほかの人を招待しなければ誰にも知られることはないので、自分専用に作る場合は自分の名前でもかまいません。自由に設定できますし、あとから変更できます。

チャンネルの名前

チャンネルとは、ワークスペースの中に作成する“区切り”で、多くの場合、チーム内の個別のプロジェクトのために使います。詳細は次章で紹介しますので、いまはとりあえず、「ワークスペースの中に作る、プロジェクトごとにパーティションで区切った空間の名札」とイメージしてください。

自由に決められますし、いつでも追加・削除できます。もしも思いつかなければ

「test」でもかまいません。

パスワード

ワークスペースへサインインするときに使います。6文字以上が必要です。「123456」のような単純すぎる文字列では登録できません。

1-2-3 利用できる端末

Slackは、専用アプリとWebブラウザの両方から利用できます。一部の機能はWebブラウザを使う必要がありますが、日常的なやりとりは専用アプリのほうが便利です。よって本書では、専用アプリを優先的に使用します。

Slackの専用アプリは多くのプラットフォームに用意されていますが、実際の使い方は大きく2種類に分けられます。

- パソコン：Windows、Mac（macOS）
- モバイル端末：iPhoneとiPad、Android

そこで本書ではおもに、パソコンとモバイル端末の2種類に分けて紹介を進めます。細かい手順や画面デザインなどが異なる場合がありますが、とくに紹介がない場合は適宜読み替えてください。ただし、違いが大きい場合は、適宜それぞれのプラットフォーム向けに紹介します。

パソコンについては、ともに最新OSでの使い方を紹介します。「Windows」はWindows 10、「Mac」はmacOS Catalina（10.15）です。

モバイル端末のうち、iPhoneとiPadについては、iPhone用のiOS 13をもとに紹介します。iPadOSを使っている場合は、iOSの紹介を参考にしてください。iPadOSはiOSを基盤にしているため、一部の画面構成が異なることを除けば、基本的な操作方法は共通です。

Androidについては、バージョン8での使い方を紹介します。すでにそれ以降のバージョンがリリースされていますが、各種調査によれば実際のユーザーが最も多いのはAndroid 8と推定されているためです。なお、本書の動作確認で使った機種はモトローラ社製「moto g5」です。

● NOTE　Slackの専用アプリはLinux版もあり、DEBおよびRPMのパッケージが配布されていますが、執筆時点ではベータ版です。また、初心者向けという本書の企画上、紹介は省略します。

1-2-4 無料プランと有料プラン

Slackには無料のプランと有料のプランがあり、利用できる機能が異なります。本書は入門書ですので、気軽に始められる無料の「フリープラン」のみを扱います。メンバーの人数には制限がありませんし、実際に導入して有用性を確かめるには十分でしょう。

無料プランで有用性を確認し、より充実したサービス内容が必要となったら、有料プランを検討してください。有料プランには、メンバー1人あたり月額850円の「スタンダード」、月額1,600円の「プラス」と、さらに大規模な用途向けの「エンタープライズグリッド」があります(料金は年払いの場合)。

無料プランと、有料プランのうちで最も安価な「スタンダード」を比べると、最も特徴的な違いは次のとおりです。

■フリープランとスタンダードの比較(2020年2月現在)

	フリープラン	スタンダード
検索できる過去のメッセージ	1万件まで	無制限
連携できるツール(アプリとインテグレーション)	10個まで	無制限
ビデオ通話への参加人数	1人対1人	最大15人のグループ
ビデオ通話での画面共有	不可	可

無料プランとの違いは、機能そのものの有無よりも、機能を利用できる規模にあると言えます。有料プランの詳細は公式サイト(https://app.slack.com/plans/)を参照してください。

1-3 Slackをはじめる

いよいよSlackをはじめましょう。
ここでは新しくアプリをインストールしてアカウントを作る手順を、パソコンとモバイル端末に分けて紹介します。

1-3-1 パソコンで初めて使う準備をする

Windows Mac 初めてSlackを使うときに、パソコンを使って準備する場合の大まかな流れは次のとおりです。

① 専用アプリをインストールします。
② Webブラウザを使って最初の設定を行います。途中、メールで確認コードが送られてきます。
③ 専用アプリを使ってサインインします。

なお、ここで作成したアカウントとワークスペースは、同じメールアドレスとパスワードを使って、ほかのパソコンや、モバイル端末からもアクセスできます（手順はP.46「1-3-4 モバイル端末でサインインする」を参照）。

ステップ1

専用アプリをインストールします。

Windows Windows用のSlackアプリは、「Microsoft Store」またはSlack公式サイトから入手できますが、インストールとバージョンアップの手間を考えると「Microsoft Store」を使うのがおすすめです。

「Slack」の名前で検索して、「公開元」が「Slack Technologies Inc.」であることを確かめてください。インストールの手順は「Microsoft Store」共通ですので省略します。

■Microsoft StoreからSlackを入手

Mac macOS用のSlackアプリは、「Mac App Store」またはSlack公式サイトから入手できますが、インストールとバージョンアップの手間を考えると「Mac App Store」を使うのがおすすめです。

「Slack」の名前で検索して、「販売元」が「Slack Technologies, Inc.」であることを確かめてください。インストールの手順は「Mac App Store」共通ですので省略します。

■Mac App StoreからSlackを入手

ステップ2

Webブラウザを起動して「slack.com」へアクセスし、自分のメールアドレスを入力して「無料で試してみる」ボタンをクリックします。

ステップ3

「ワークスペースをスタート」の画面では「ワークスペースを新規作成」をクリックします。

もしも、すでにあるワークスペースへ参加する場合は、「Slackワークスペースを検索」を選び、表示に従って操作してください。

ステップ4

「メールをチェックしてください」の画面へ移ります。最初のステップで入力したメールアドレスへ確認コードが送られてきているはずですので、それを調べてこの画面へ入力します。

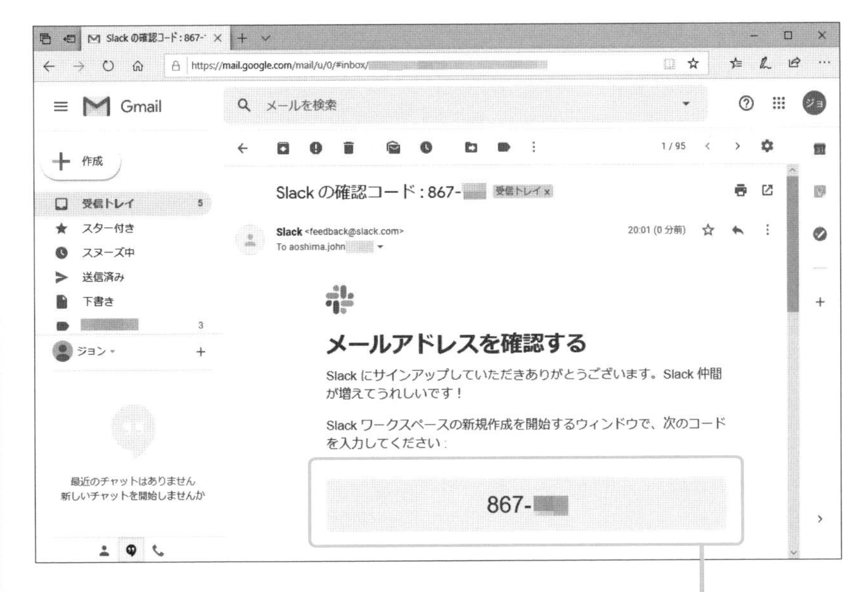

ステップ5

「社名またはチーム名を教えてください」の画面へ移ります。この名称はワークスペースの名前の候補になります。

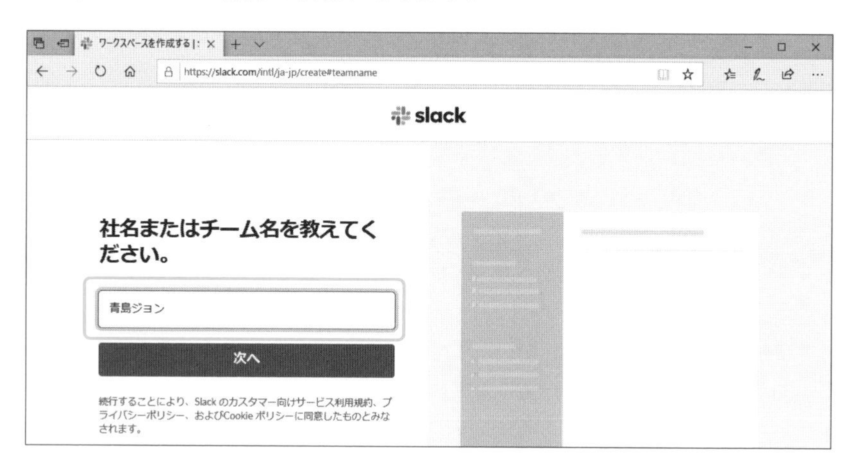

ワークスペースの名前は、あとのステップで確認してから確定します。なお、ここからは画面右側に、作業が進んでワークスペースが作られていく様子が表示されます。

ステップ6

「取り組んでいるプロジェクト名」の画面へ移ります。この名称はそのままチャンネルの名前になります。

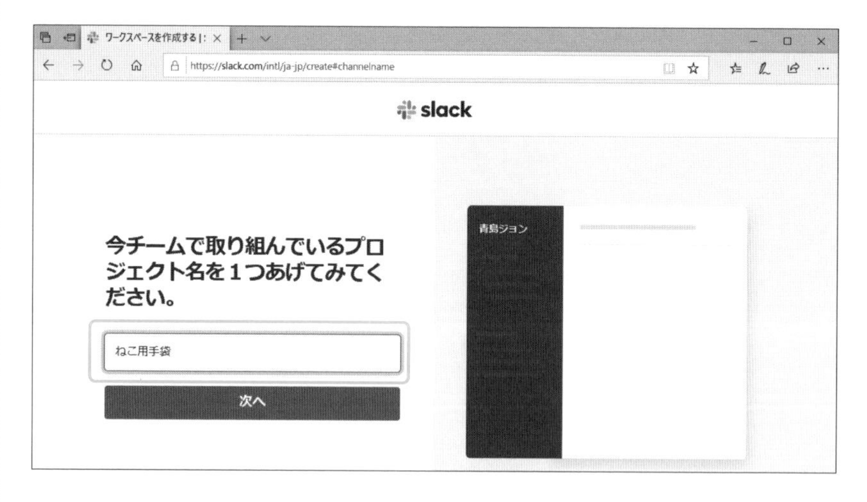

チャンネルはあとから自由に追加できます。

ステップ7

「メンバーは他にいますか」の画面では、「後で」をクリックします。

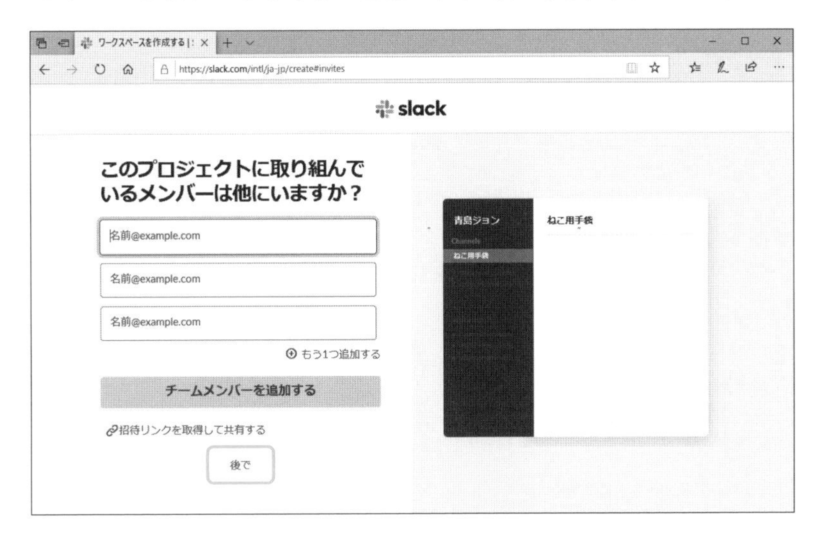

いま作成するワークスペースへ他のメンバーを招待するための画面ですが、ここでは自分専用として使うので不要です。

ステップ8

「仕事・役割は？」の選択肢はもっともよく合うものを選びます。「どのツールを使用しますか？」の選択肢は何もチェックしないままでかまいません。「続行する」をクリックします。

連携ツールの設定はP.309「5-3 追加Appで他社サービスと連携する」で紹介します。また、この画面は環境によっては表示されないことがあります。

ステップ9

「チームの初めてのチャンネルができました」と表示されたら、「Slackでチャンネルを表示する」をクリックします。

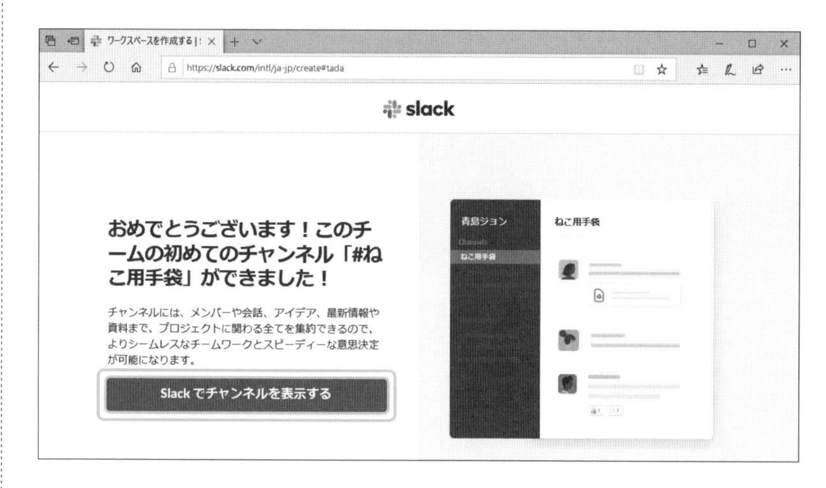

ステップ10

左側に自分の名前など、右側にチャンネルの名前などが表示された画面が開きます。「新規登録を終了する」をクリックします。

この画面が、いま作成したワークスペースの基本画面です。さらに設定を続けましょう。

ステップ11

「名前とパスワードを設定する」の画面では、表示名と、サインインするときに使うパスワードを設定してから、「次へ」をクリックします。

ステップ12

「チームの詳細を確認する」の画面では、ワークスペースの名前とURLを設定してから、「次へ」をクリックします。

必要があれば、適宜変更してください。名前は好みでかまいませんが、URLは自動的に入力されているので、必要があれば変更してください。URLは先着順ですので、もしも設定できない場合は表示に従って工夫してください。

ステップ13

「メンバーを追加する」の画面では、何も入力せずに「完了」をクリックします。

これも他のメンバーを招待するための画面ですので、いまは不要です。

ステップ14

「ワークスペースの設定が完了しました」の画面は確認のみです。「さっそくSlackをスタート」をクリックします。

ステップ15

主流のWebブラウザでは「デスクトップ通知の有効化」の許可を求める設定が表示されます。×アイコンをクリックするなどして閉じます。

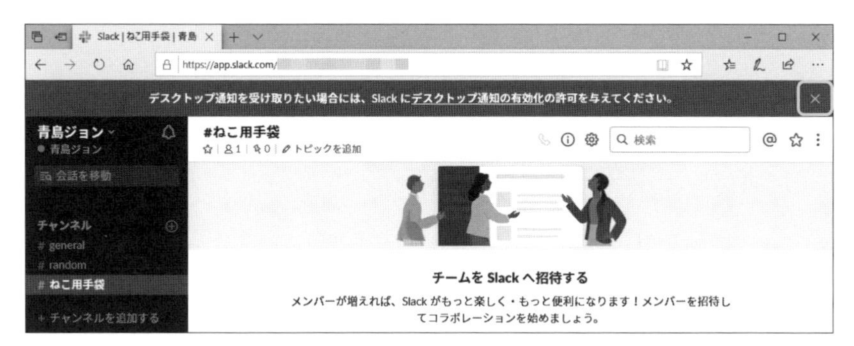

この機能は、Webブラウザの機能を使って通知を行うためのものです。本書では専用アプリを優先的に使うので、この機能は不要です。もしも許可するとアプリとWebブラウザの両方から通知されてしまいます。

ステップ16

確認画面が表示されたら、「次回から確認しない」をクリックします。

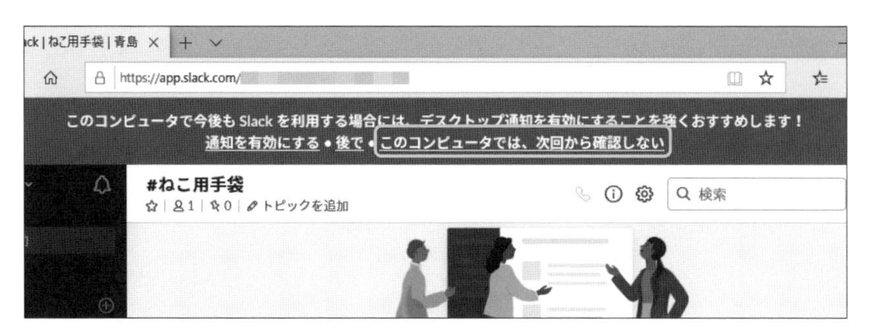

もしも判断を保留するには「後で」を選びます。

ステップ17

Webブラウザを閉じます。

以後は、Webブラウザは必要なときだけ使います。

なお、とくに必要がないかぎりサインアウトしなくてもかまいません。一部の設定にはWebブラウザを使う必要があるので、パソコンのアカウントが適切に管理されていれば、サインアウトしないほうがかえって便利です。

ステップ18

インストールした専用アプリを起動して、「サインイン」をクリックします。

ステップ19

Webブラウザへ切り替わります。「ワークスペースにサインインする」の画面では、下に表示されている、自分が作成したワークスペースの名前をクリックします。

すでにサインインしているので、繰り返す必要はありません。

ステップ20

アプリへ自動的に切り替わります。このまま待っていてください。

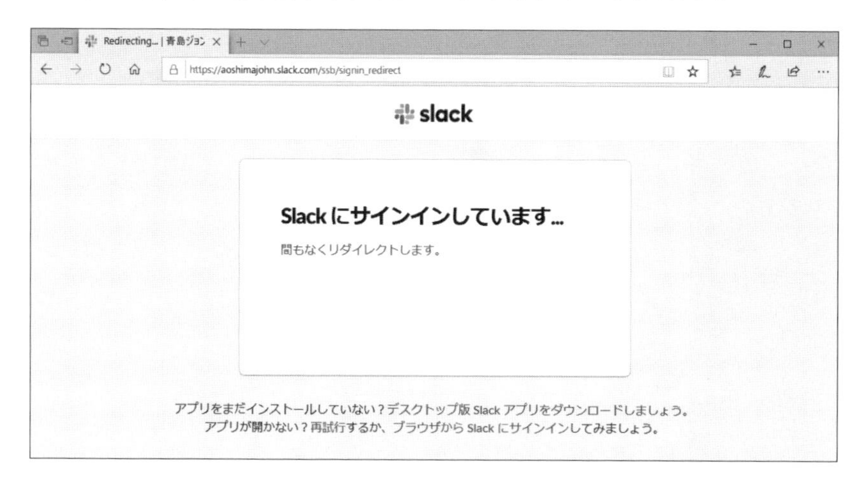

最初の準備だけでなく、専用アプリを使うときは、このように一部の設定をWebブラウザで行うことがあります。必要に応じて自動的に切り替わるので、表示に従って操作すれば十分です。

ステップ21

アプリを起動してよいか確認するダイアログが開いたら許可します。

ボタンの名前は環境によって異なるので、表示をよく確かめてください。次の図は順に、WindowsのEdge、MacのSafariのものです。

Windows Microsoft Edgeのダイアログ

アプリを切り替えますか?

アプリを切り替えますか?

"Microsoft Edge" は "Slack" を開こうとしています。

はい　いいえ

Mac Safariのダイアログ

このページで"Slack"を開くことを許可しますか?

キャンセル　許可

ステップ22

専用アプリが起動したら、画面左側の見出し「チャンネル」にある「#general」をクリックします。

これですべての初期設定が終わりました。Webブラウザや専用アプリは、いつでも終了してかまいません。以後Slackを使うときは、専用アプリを起動してください。

なお、このあとモバイル端末からもSlackを使いたい場合は、P.46「1-3-4 モバイル端末でサインインする」へ進んでください。

また、Windowsのみ、終了しようとするとメッセージが表示されることがあります。詳細はP.49「1-4-2 バックグラウンドで動作させない設定」で紹介します。

1-3-2 モバイル端末で初めて使う準備をする

iPhone Android 初めてSlackを使うときに、モバイル端末を使って準備する場合の大まかな流れは次のとおりです。

① 専用アプリをインストールします。
② 専用アプリを使って最初の設定を行います。途中、メールで確認コードが送られてきます。
③ 引き続き、専用アプリで設定を行います。

ここではおもにiPhoneの画面を使って手順を紹介します。iPadやAndroidでは見た目が一部異なりますが、適宜読み替えてください。

また、ここで作成したアカウントとワークスペースは、同じメールアドレスとパスワードを使って、ほかのモバイル端末や、パソコンからもアクセスできます（手順はP.44「1-3-3 パソコンからサインインする」を参照）。

ステップ1

専用アプリをインストールします。

iPhone iPhone用のSlackアプリは、「App Store」からインストールします。「Slack」の名前で検索して、「販売元」が「Slack Technologies, Inc.」であることを確認してください（下へスクロールして「情報」の見出しの中に表記されています）。インストールの手順は「App Store」共通ですので詳細は省略します。

Android Android用のSlackアプリは、「Play Store」からインストールします。「Slack」の名前で検索して、「販売元」が「Slack Technologies Inc.」であることを確認してください。インストールの手順は「Play Store」共通ですので詳細は省略します。

iPhone

Android

ステップ2

アプリを起動して、「Slackを始める」をタップします。

ステップ3

画面が変わったら、「あなたのメールアドレス」欄に入力して、「次へ」をタップします。

「次へ」のリンクは、iPhoneでは画面右上、Androidでは画面中央にあります。

iPhone

Android

ステップ4

「メールをチェック」の画面へ移ったら、画面中の「メールアプリを開く」をタップします。

メールアプリを選ぶ画面が開いた場合は、そのアドレスに届いたメールを読めるアプリを選んでください。

ステップ5

アプリを切り替えたら、slack.comから送られてきたメールを調べて、「メールアドレスの確認」をタップします。

前のステップで入力したメールアドレスへ確認メールが送られてきているはずです。リンクを開くアプリを選ぶ画面が表示されたときは、Webブラウザではなく、Slack専用アプリを選んでください。

ステップ6

専用アプリへ切り替わって「使ってみましょう」の画面が開いたら、「ワークスペースを新規作成する」をタップします。

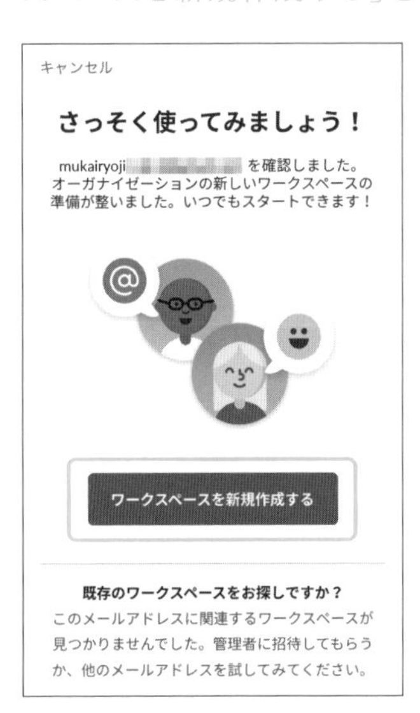

ステップ7

「社名またはチーム名を教えてください」の画面へ移ります。この名称はワークスペースの名前の候補になります。入力したら「次へ」をタップします。

ワークスペースの名前は、あとのステップで確認してから確定します。

ステップ8

「取り組んでいるプロジェクト名」の画面へ移ります。この名称はそのままチャンネルの名前になります。入力したら「次へ」をタップします。

チャンネルはあとから自由に追加できます。

ステップ9

「メンバーは他にいますか」の画面では、「後で」をタップします。

いま作成するワークスペースへ他のメンバーを招待するための画面ですが、ここでは自分専用として使うので不要です。

ステップ10

「チーム初のチャンネルができました」と表示されたら、「Slackでチャンネルを表示する」をタップします。

ステップ11

チャンネルの名前が先頭に表示された画面が開きます。「新規登録を終了する」をタップします。

この画面が、いま作成したワークスペースの基本画面の一部です。さらに設定を続けましょう。

ステップ12

「名前とパスワードを設定する」の画面では、表示名と、サインインするときに使うパスワードを設定します。入力したら「次へ」をタップします。

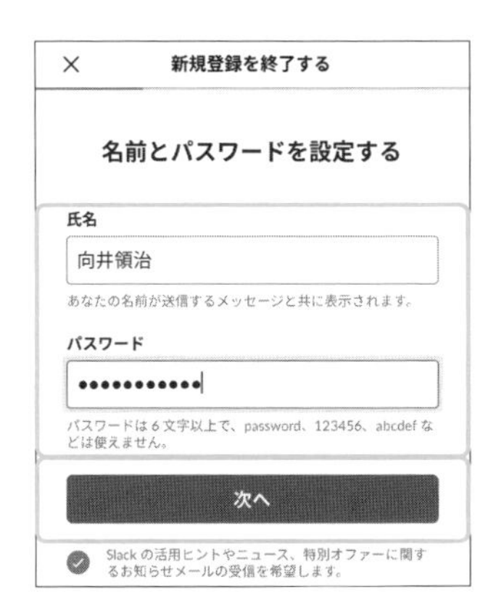

ステップ13

「チームの詳細を確認する」の画面では、ワークスペースの名前とURLを設定します。入力したら「次へ」をタップします。

必要があれば、適宜変更してください。名前は好みでかまいませんが、URLは自動的に入力されているので、必要があれば変更してください。「.slack.com」の部分を入力する必要はありません。URLは先着順ですので、もしも設定できない場合は表示に従って工夫してください。

ステップ14

「メンバーは他にいますか」の画面では、何も入力せずに「後で」をタップします。

これも他のメンバーを招待するための画面ですので、いまは不要です。

ステップ15

「ワークスペースの設定が完了しました」の画面は確認のみです。「会話を開始」をタップします。「新規登録を終了する」を始めた画面へ戻ったら、画面左上の3本の横線のマーク☰をタップします。

3本線のマーク☰はメインメニューを開きます。

ステップ16

画面左側から現れた表示の見出し「チャンネル」にある「#general」をタップします。

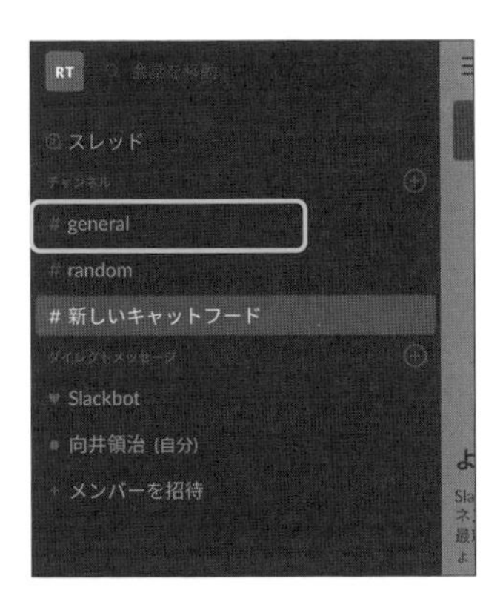

ステップ17

画面上端に「#general」と表示されることを確かめてください。

これですべての初期設定が終わりました。専用アプリは、いつでも終了してかまいません。以後Slackを使うときは、専用アプリを起動してください。

なお、このあとパソコンからもSlackを使いたい場合は、P.44「1-3-3 パソコンからサインインする」へ進んでください。

1-3-3 パソコンからサインインする

Windows Mac モバイル端末でアカウントとワークスペースを作成した後に、パソコンからも利用したい場合の手順を紹介します。最初にパソコンで作成して、別のパソコンから使いたい場合も同じです。ただし、用語さえ知っていれば画面の表示に従うだけですので、ポイントのみを紹介します。先にP.22「1-3-1 パソコンで初めて使う準備をする」を読んで、詳細を把握しておいてください。

ステップ1

専用アプリをインストールします。

ステップ2

専用アプリを起動し、「サインイン」をクリックします。

ステップ3

Webブラウザへ切り替わったら、サインインしたいワークスペースのURLを入力してから、「続行する」をクリックします。

URLがわからない場合は、「ワークスペースを検索する」をクリックして、以後は表示に従って操作してください。

ステップ4

次のページへ移動したら、メールアドレスとパスワードを入力し、「サインイン」をクリックします。専用アプリへの切り替えを確認するダイアログが表示されたら、許可します。

slack　製品　料金プラン　サポート　ワークスペースを新規作成する　ワークスペースを検索　サインイン

Rose Technical Service にサインイン

rosetechnicalservice.slack.com

メールアドレスとパスワードを入力してください。

you@example.com

パスワード

サインイン

☑ ログイン情報を記録する

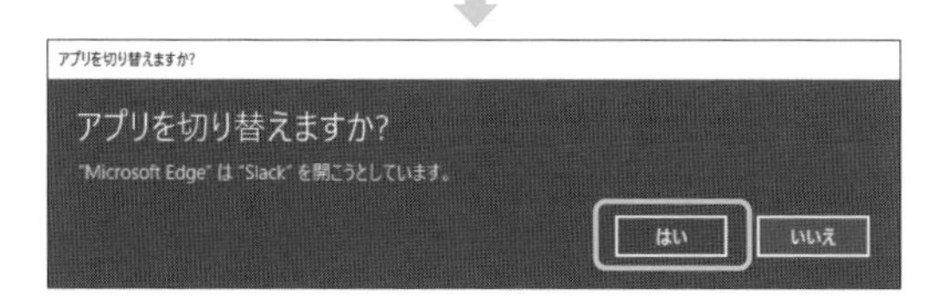

ステップ5

専用アプリでのサインインが完了します。

1-3-4 モバイル端末でサインインする

iPhone Android パソコンでアカウントとワークスペースを作成した後に、モバイル端末からも利用したい場合の手順を紹介します。最初にモバイル端末で作成して、別のモバイル端末から使いたい場合も同じです。ただし、用語さえ知っていれば画面の表示に従うだけですので、ポイントのみを紹介します。先にP.34「1-3-2 モバイル端末で初めて使う準備をする」を読んで、詳細を把握しておいてください。

ステップ1

専用アプリをインストールします。

ステップ2

専用アプリを起動し、「サインイン」をタップします。

ステップ3

この画面では、URLを知っているときは「パスワードでサインイン」をタップします。

URLを忘れたときや、URLを手入力するのが面倒なときは、「マジックリンクをメールで送信」をタップして、以後は表示に従って操作してください。

ステップ4

サインインしたいワークスペースのURLを入力してから、「次へ」をタップします。

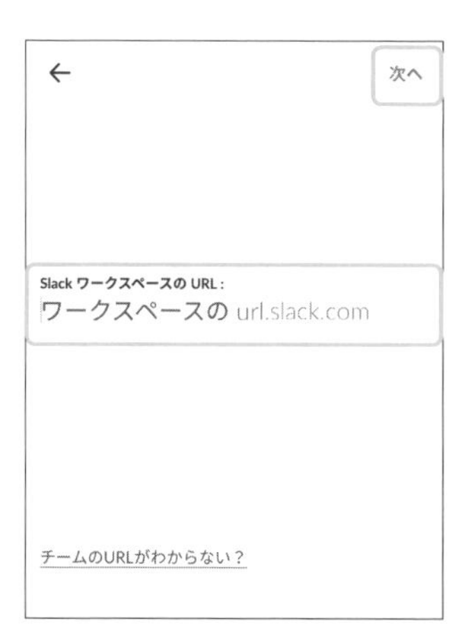

「slack.com」の部分を入力する必要はありません。また、URLがわからない場合は、「チームのURLがわからない?」をタップして、以後は表示に従って操作してください。

ステップ5

メールアドレスを入力してから、「次へ」をタップし、パスワードを入力してから、「次へ」をタップします。

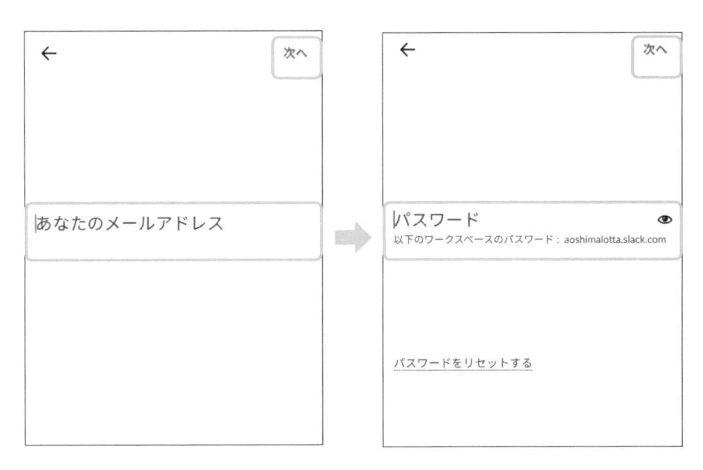

ステップ6

専用アプリでのサインインが完了します。

1-4 Slackを終了する

Slackをはじめる手順を紹介したので、アプリを終了したり、サインアウトする手順も紹介します。見つけにくいところにあるので注意してください。

1-4-1 アプリを終了する

さしあたりSlackを使う必要がなくなったら、専用アプリを終了します。手順は一般的なアプリと同様です。

- Windows メインメニューから「File」→「Quit」を選びます。または、ウインドウを閉じます。(次項「1-4-2 バックグラウンドで動作させない設定」も参照)
- Mac 「Slack」→「Slackを終了」を選びます。
- iPhone Android ホーム画面へ戻ります。

Macで専用アプリを終了すると、新着メッセージが届いたことも通知できなくなります。意図的に通知を切りたい場合を除き、通常は終了させずに隠しておきます。

モバイル端末の場合は、ホーム画面へ戻っても動作し続けているので、とくに起動と終了を注意する必要はありません。通知の方法は、アプリ内およびOSで設定します。(詳細はP.264「4-7 通知の設定を変える」を参照)。

なお、アプリを起動したままでも、「会議中」「通勤途中」などの状態を設定できます。詳細はP.67「2-3 自分のステータスを設定する」で紹介します。

1-4-2 バックグラウンドで動作させない設定

Windows Windows版の専用アプリは、基本のウインドウを閉じても実際にはバックグラウンドで動作し続けて、新着メッセージなどがあれば通知します。

このため、基本のウインドウを閉じると、次の図のようなメッセージが表示されることがあります。「本当にアプリを終了するなら、環境設定を変えるように」という内容です。実際、タスクバーの通知領域を開くとSlackのアイコンがあります。

■ウインドウを閉じても、通知領域を開くと動作している

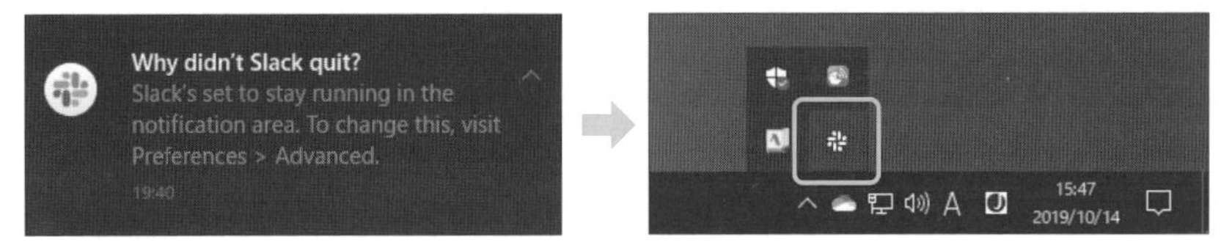

ウインドウを閉じたときに本当に終了させるには、次の手順で環境設定を変更します。

ステップ1

通知領域のSlackアイコンを右クリックして、「Preferences」を選びます。

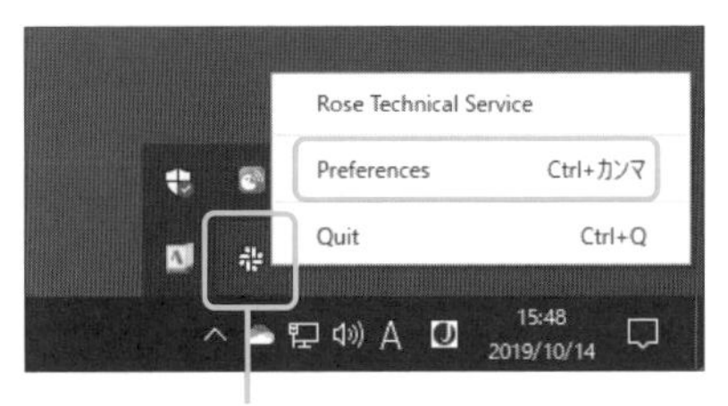

Slackアイコンを右クリック

または、アプリの動作中にメニューを開き、「File」→「Preferences...」を選んでも同じです。

ステップ2

「（ワークスペース名）の環境設定」の画面が開いたら、ウインドウ左側の「詳細設定」カテゴリーを選びます。

ステップ3

下へスクロールして「ウィンドウが閉じてる間もアプリを通知領域で起動中にしておく」オプションをオフにします。

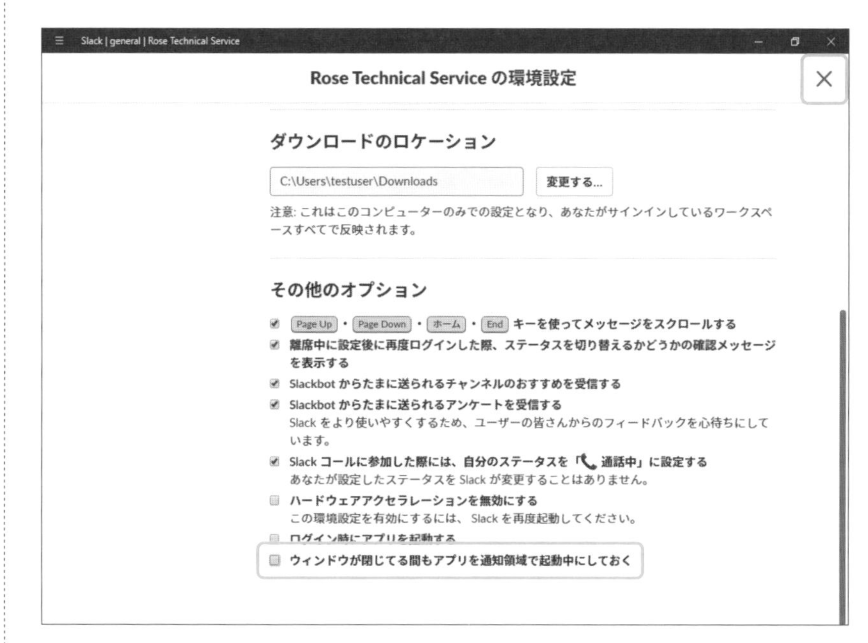

ステップ4

画面右上の×をクリックして表示を閉じます(上図参照)。

見慣れない表示形式ですが、Slack専用アプリではこのような「ウインドウの中のウインドウのように見える」表示がよく使われます。

1-4-3 サインアウトする

サインアウトする必要がある場合は、以下の手順でサインアウトします。ただし、他人と端末を共有する、機種変更などのために端末を手放すなどの特別な理由がなければ、サインアウトする必要はありません。

Windows Mac Web 画面左上の▼をクリックして、メニューが開いたら「(ワークスペース名)からサインアウトする」を選びます。

■サインアウト

iPhone Android 画面右上の⋮をタップして、右サイドバーが開いたら「設定」をタップし、画面が変わったら末尾にある「(ワークスペース名)からサインアウト」をタップします。

■サインアウト

まず1人でやってみよう

Slackの基本操作に慣れるため、自分専用のワークスペースで、最初は1人で練習してみましょう。1人で使えばワークスペースの管理をやることにもなるので、将来もしも管理者になったときの練習にもなります。

2-1 基本的な画面構成

**Slackの基本的な画面構成を把握しましょう。
個別の機能や用語は順次紹介するので、
いまは全体を眺めるだけでかまいません。**

2-1-1 Windows版、Mac版の画面構成

次の図は、Windows版とMac版のSlackの基本画面です。ともに画面は大きく2つに分かれていて、左側の一覧から目的のものをクリックして選び、右側にその詳細を表示する構成です。

Windows

Mac

Ⓐ ワークスペースの名前：クリックするとアカウントやワークスペースに関するメニューが開きます。重要な操作の多くはここから行います。一般的にMac用アプリではディスプレイ上端にあるプルダウンメニューからさまざまな操作を行いますが、Slackではほとんど使いません。

Ⓑ 自分の名前：自分の表示名が表示されます。

Ⓒ 自分のステータス：「会議中」「通勤途中」などの状態を表示します。

Ⓓ 通知：このワークスペースからの通知を受ける設定を表示します。

Ⓔ 検索：検索キーワードの入力欄を開きます。

Ⓕ チャンネル：チャンネル参加者とメッセージをやり取りします。

Ⓖ ダイレクトメッセージ：メンバーと個別にメッセージをやり取りします。

Ⓗ App：連携しているアプリの一覧です。

Ⓘ 詳細：左側で選択された項目の詳細を表示します。たとえば図では、画面上端にタイトルが表示されているように、「#general」の詳細を表示しています。上端にあるさまざまなアイコンをクリックすると、このチャンネルに関連するさまざまな操作ができます。

Ⓙ 重要な操作：アイコンをクリックすると、このワークスペースに関連する重要な操作ができます。

Ⓚ メッセージの入力欄：送信するメッセージなどを入力します。

Ⓛ 表示した順に前後の画面へ移動します。

Ⓜ メインメニュー：プルダウンメニューを開きます。普段は使いません。

2-1-2 iPhone版の画面構成

次の図は、iPhone版アプリのメイン画面です。

■iPhone版アプリのメイン画面

Ⓐ **メインメニュー**：タップするとこのワークスペースのメインメニューの画面を表示します。画面を右へスワイプしても同じです。

Ⓑ **選択中の画面のタイトル**：タップすると詳細を表示します。

Ⓒ **検索**：タップすると検索画面へ移動します。

Ⓓ **サブメニュー**：タップするとサブメニューの画面を表示します。画面を左へスワイプしても同じです。

Ⓔ **詳細**：メインメニューで選択された項目の内容（詳細）を表示します。たとえば図では、画面上端にタイトルが表示されているように、「#general」の詳細を表示しています。

Ⓕ **メッセージの入力欄**：送信するメッセージなどを入力します。

iPhone版アプリの主要画面はこのほかに2つあり、合計で3つから構成されていて、メイン画面で左または右へスワイプすると補助の画面が現れます。以後本書では、左側から現れるメインメニューの画面を「左サイドバー」、右側から現れるサブメニューの画面を「右サイドバー」と呼びます。

左サイドバーには、チャンネルや、ダイレクトメッセージを送受信できる相手の一覧などがあります。さらに、画面下端に3つの点があることからわかるように、小さく左右へスワイプして画面を切り替えられます。ここではとりあえず、左サイドバーの画面の中で切り替えられることに注目してください。メイン画面へ戻るには、画面右端から左へスワイプするか、目的の項目をタップしていずれかの項目を選びます。

右サイドバーには、自分自身に関わる設定や、このワークスペース全体に関わる設定などを行います。この画面は、iPhoneで一般的なメニュー表示です。

iPhoneの画面はパソコンに比べると小さいので、使い方によっては頻繁に画面を切り替える必要があります。左右のサイドバーを開く操作に慣れてください。また、操作の順序によっては、左サイドバーは前回開いたときの画面が開くことがありますが、本書ではつねに中央の画面から始まるものとして手順を紹介します。

■iPhone版は大きく分けて3つ、左サイドバーはさらに3つの画面から構成される

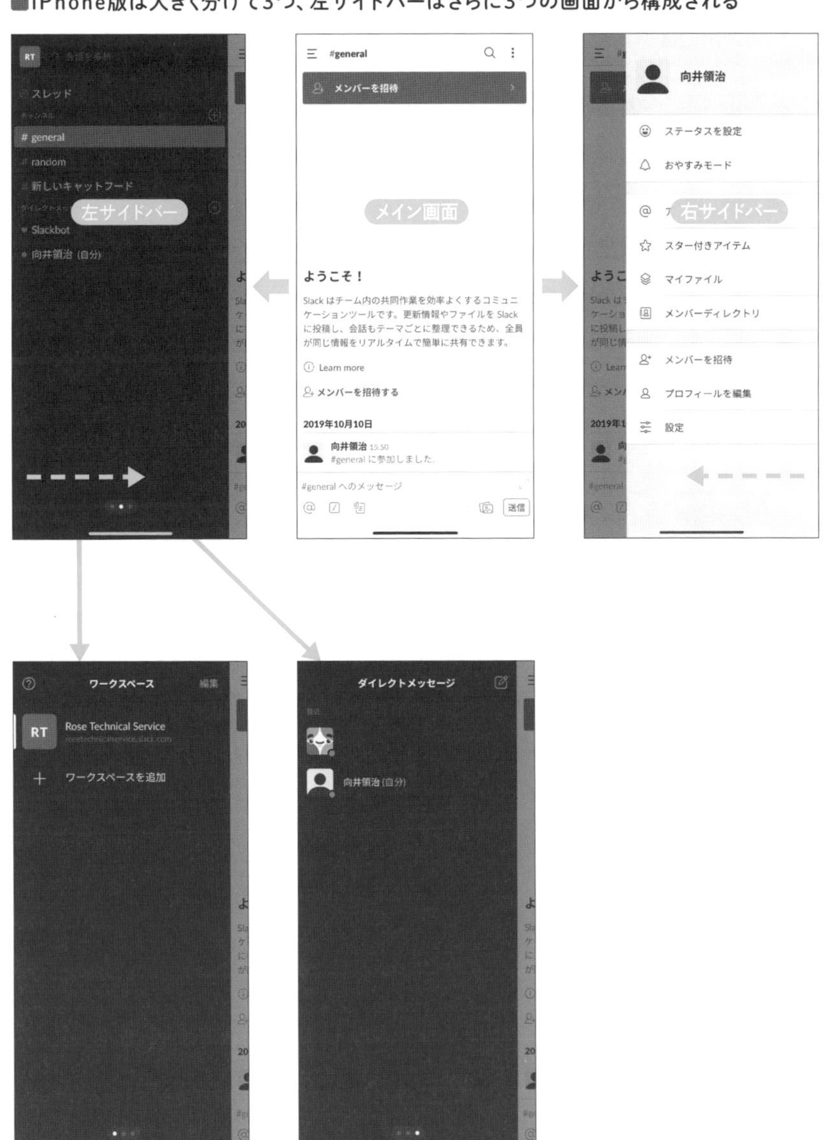

2-1-3 Android版の画面構成

次の図は、Android版アプリのメイン画面です。

■Android版アプリのメイン画面

A メインメニュー：タップするとこのワークスペースのメインメニューの画面を表示します。画面の左端から右へスワイプしても同じです。

B 検索：タップすると検索画面へ移動します。

C 選択中の画面のタイトル：タップすると詳細を表示します。

D サブメニュー：タップするとサブメニューの画面を表示します。

E 詳細：メインメニューで選択された項目の詳細を表示します。たとえば図では、画面上端にタイトルが表示されているように、「#general」の詳細を表示しています。

F メッセージの入力欄：送信するメッセージなどを入力します。

Android版アプリの主要画面はこのほかに2つあり、合計で3つから構成されていて、メイン画面の左上または右上にあるアイコンをタップすると補助の画面が現れます。本書では、それぞれ「左サイドバー」「右サイドバー」と呼びます。

左サイドバーの画面には、チャンネルや、ダイレクトメッセージを送受信できる相手の一覧などがあります。さらに、メニューを選ぶか、アイコンをタップするなどして、画面を切り替えられます。ここではとりあえず、左サイドバーの画面の中で切り替えられることに注目してください。メイン画面へ戻るには、画面右端から左へスワイプするか、目的の項目をタップしていずれかの項目を選びます。

右サイドバーには、自分自身に関わる設定や、このワークスペース全体に関わる内容などを設定できます。この画面は、Androidで一般的なメニュー表示です。

Androidの画面はパソコンに比べると小さいので、使い方によっては頻繁に画面を切り替える必要があります。左右のサイドバーを開く操作に慣れてください。また、操作の順序によっては、左サイドバーは前回開いたときの画面が開くことがありますが、本書ではつねに中央の画面から始まるものとして手順を紹介します。

■Android版は大きく分けて3つ、左サイドバーはさらに3つの画面から構成される

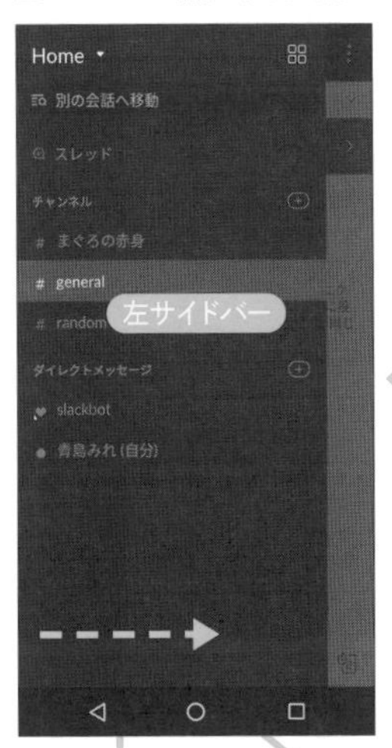

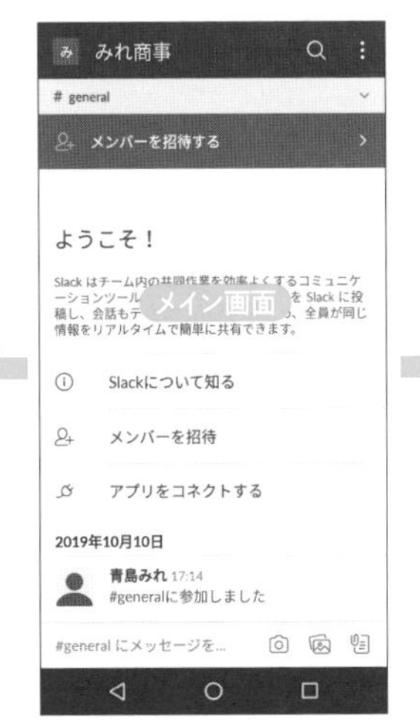

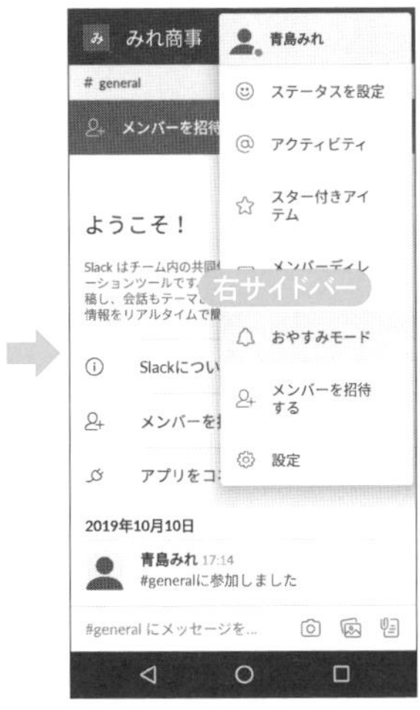

2-2 自分のプロフィールを変える

自分の名前、役職、電話番号、アイコンなどを、「プロフィール」として設定できます。これらの情報は、ほかの参加者が自分のプロフィールを参照するときにも表示されるので、適切に設定しておきましょう。

2-2-1 プロフィールに設定できる項目

プロフィールはワークスペースごとに設定できます。このため、社内と社外、さらには本名を使わない趣味のワークスペースが混在していても、それぞれに名前や電話番号などを分けて設定できます。逆にいえば、新しいワークスペースへ参加するたびにプロフィールを設定する必要があります。

プロフィールに設定できる項目は次のとおりです。ただし、一部の項目はモバイル端末からは設定できません。

- **「氏名」**:自分の名前です。ほかの参加者が自分のプロフィールを参照したときに表示されます。「表示名」を設定していないときは、チャットなどの画面でも「氏名」が表示されます。
- **「表示名」**:主要箇所で表示する自分の名前です。空欄でもかまいませんが、設定しておくと多くの表示に使われます。チーム内で通例的に使う呼び方があれば、それを記入するのがよいでしょう。たとえば通常は姓のみで呼び合っているときは「青島」のみ、同性の人が複数いるときは「青島J」「青島(み)」など工夫してください。
- **「役職・担当」**:役職名です。ワークスペースの性格に合わせて工夫してください。
- **「電話番号」**:登録するとリンクが設定されます。OSによっては、電話などを発信できます。
- **「タイムゾーン」**:現地時刻を表示します。日本の標準時は1つですので、日本国内にいる場合は「(UTC+09:00)大阪、札幌、東京」を選びます。
- **「Skype」**:登録するとリンクが設定され、環境によっては、Skypeを起動して発信できます。
- **「プロフィール写真」**:画像を登録して主要箇所でアイコンに使います。モバイル端末ではその場で撮影もできます。画面に表示されるサイズは小さいので、シンプルで特徴的な画像を使いましょう。メンバーごとや部署ごとに単色の画像を使うだけでも、送り先の間違いを防ぐのに役立ちます。

● NOTE　有料プランでは、プロフィールの項目を追加・編集できるようになります。

2-2-2 パソコンでプロフィールを変える

Windows Mac プロフィールを変える手順は次のとおりです。

ステップ1

ワークスペースの名前をクリックし、メニューが開いたら「プロフィール&アカウント」を選びます。

ステップ2

画面右側に現れた表示にある、「プロフィールを編集」をクリックします。

ステップ3

「プロフィールを編集する」画面が開いたら、必要に応じて枠内を書き換えます。

末尾にある「フィールドを追加、編集、または順序変更する」のリンクは、有料プランでのみ利用できます。

ステップ4

プロフィール写真を変えるには、「画像をアップロードする」をクリックして、画像ファイルを指定します。

その次の表示で、必要があれば切り抜きします。プロフィール写真はアイコンに使うので、正方形で切り抜く必要があります。切り抜く範囲を調整するには、四隅の角の四角形をドラッグします。切り抜く必要がない場合は、何もせずに「保存する」をクリックします。

ステップ5

編集を終えたら下端にある「変更を保存する」をクリックします。

プロフィールを編集する

氏名
青島ジョン

表示名
青島J
これは名字や名前、ニックネームなど、好きに設定できます。Slack でメンバーから呼ばれたい名前にしましょう。

役職・担当
商品開発部
青島ジョン でのあなたの役割を説明しましょう。

電話番号
03-XXXX-XXXX
電話番号を入力してください。

タイムゾーン
(UTC+09:00) 大阪、札幌、東京
現在のタイムゾーン。サマリーや通知メールの送信、アクティビティフィードやリマインダーの時間に使われます。

Skype
john@example.com
これはあなたのプロフィールに表示されます。

プロフィール写真
画像をアップロードする
写真を削除する

フィールドを追加、編集、または順序変更する
キャンセル
変更を保存する

ステップ6

元の画面へ戻ったら、表示が変わったことを確かめます。

プロフィールの領域は上下にスクロールできます。画面を閉じるには、右上にある☒をクリックします。

2-2-3 モバイル端末でプロフィールを変える

iPhone Android プロフィールを変える手順は次のとおりです。

ステップ1

右サイドバーを開き、自分の名前をタップします。

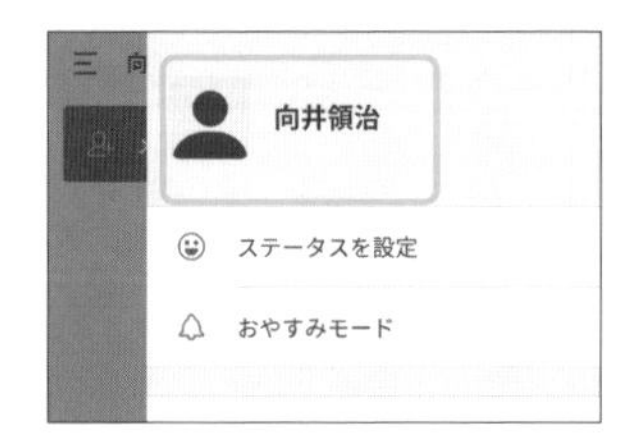

ステップ2

プロフィール画面が開きます。「プロフィールを編集」をタップし、必要に応じて枠内を書き換えます。

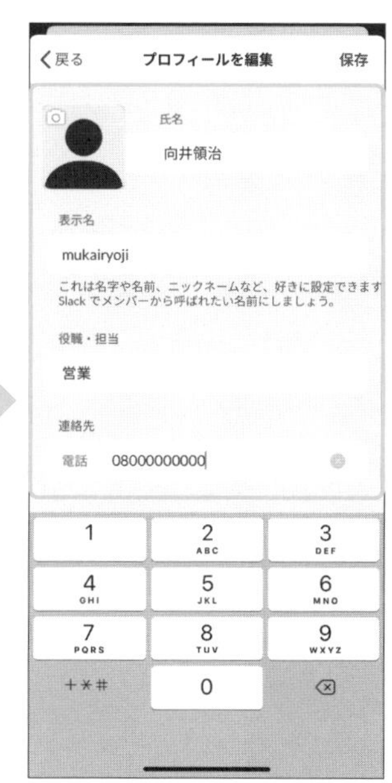

ステップ3

プロフィール写真を変えるには、画面左上のシルエット(または写真)をタップします。表示に従って、いますぐ撮影するか、ライブラリ(またはギャラリー)から写真を選びます。

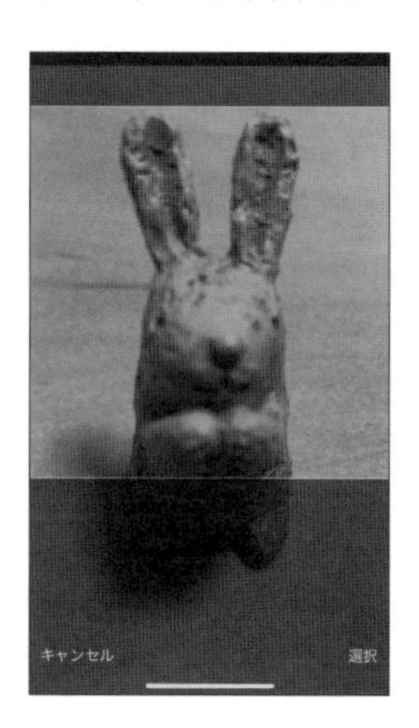

その次の表示で、必要があれば切り抜きします。プロフィール写真はアイコンに使うので、正方形で切り抜く必要があります。切り抜く範囲を調整するには、ピンチで拡大・縮小し、スワイプして位置を調整します。

ステップ4

編集を終えたら右上にある「保存」をタップします。

ステップ5

元の画面へ戻ったら、表示が変わったことを確かめます。

もしも変わらないときは、アプリを強制終了して、再起動してみてください。

2-3 自分のステータスを設定する

「ステータス」は、いまの自分の状態を、絵文字と語句でほかのメンバーに知らせる機能です。ステータスの設定は手動で行います。次項で紹介する「ログイン状態」よりも、やや具体的な説明に向いています。

2-3-1 ステータスの使い方

ステータスは、デスクワークをしているような、すぐに対応できる状態がデフォルトで、このときは何も設定しません。

ステータスを設定するのは、会議中や通勤途中など、すぐに対応できない状態や、対応に制限があるときに適しています。たとえばSlackでは音声通話ができますが、相手が会議中であることがわかれば、連絡を後まわしにしたり、「会議が終わったら音声通話で呼び出してください」などと連絡できますし、自分も相手の状況を踏まえて行動を決められます。

ステータスを設定するメニューに「ステータスを削除」というコマンドが表示されることがあります。これは、設定済みのステータスを削除して、何もないデフォルトの状態へ戻すという意味です。

よって、たとえば会議へ参加するときは、会議を始めるときに「会議中」に設定し、会議が終わったら「会議中」のステータスを削除するという流れになります。

2-3-2 パソコンでステータスを設定する

Windows Mac ステータスを変える手順は次のとおりです。

ステップ1

ワークスペースの名前をクリックし、メニューが開いたら「ステータスを設定」を選びます。

ステップ2

「ステータスを設定」画面が開いたら、リストからクリックして選びます。

上の欄で絵文字と語句を直接入力することもできますが、まずはリストから選んでみましょう。

ステップ3

入力できたら「保存」をクリックします。

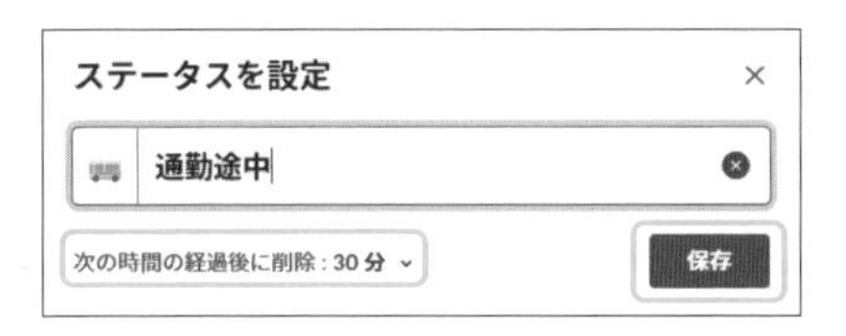

「次の時間の経過後に削除」を設定すると、その時間が過ぎると自動的にステータスを削除します。たとえば通勤時間が約1時間であれば、メニューから「1時間」を選びます。

ステップ4

元の画面へ戻ったら、設定されたステータスを確かめます。

ステータスが設定されると、画面中の多くの場所で絵文字が表示され、ポインタ(マウスの矢印)を重ねるとステータスの語句が表示されます。

ステップ5

ステータスは、設定時に指定した時間が過ぎると自動的に削除されます。いますぐ削除するには、ワークスペースの名前をクリックし、メニューが開いたら「ステータスを削除」を選びます。

2-3-3 モバイル端末でステータスを設定する

iPhone Android ステータスを変える手順は次のとおりです。

ステップ1

右サイドバーを開き、メニューから「ステータスを設定」をタップします。「ステータスを設定する」画面が開くので、リストからタップして選びます。

上の欄で絵文字と語句を直接入力することもできますが、まずはリストから選んでみましょう。

ステップ2

入力できたら、iPhoneでは「終了」、Androidでは「保存」をタップします。元の画面へ戻ったら、設定されたステータスを確かめます。

「次の時間の経過後に削除」を設定すると、その時間が過ぎると自動的にステータスを削除します。たとえば通勤時間が約1時間であれば、メニューから「1時間」を選びます。

ステータスが設定されると、ユーザーのアイコンの脇に絵文字が表示されます。

ステップ3

詳しいステータスを見るには、ユーザーのアイコンをタップしてプロフィール画面を開きます。

ステップ4

ステータスは、設定時に指定した時間が過ぎると自動的に削除されます。

iPhone いますぐ削除するには、右サイドバーを開き、設定されているステータスの右隣にある⊗をタップします。

Android いますぐ削除するには、右サイドバーを開き、「ステータスを編集する」をタップしてから、設定されているステータスの右隣にある⊗をタップします。

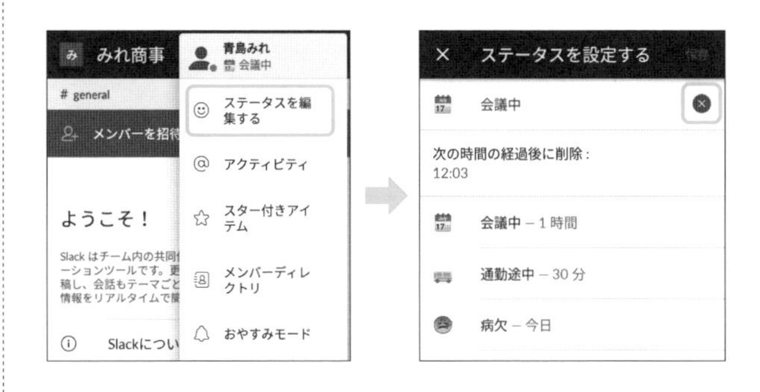

2-3-4 任意のステータスを設定する

リストにないステータスは、直接入力して設定できます。基本画面では絵文字だけが表示されるので、ふさわしい絵文字を選んでください。語句は短くしましょう。長く説明する必要があるときは、ステータスには端的に状態を書き、別途チャットに説明を書くなどするほうがよいでしょう。

任意のステータスを設定するには、ステータスを設定する画面を開き、絵文字と語句を直接入力します。絵文字を選ぶ手順は次のとおりです。

Windows Mac 絵文字を入力するには、左側の絵文字の欄をクリックしてリストから選びます。

iPhone Android 絵文字を入力するには、左側の絵文字の欄をタップしてリストから選びます。iPhoneでは絵文字が設定したとおりに表示されないことがありますが、ほかの端末では正しく表示されます。

● NOTE　ステータスを設定する画面に現れる5つのステータスは、自由にカスタマイズできます。ただし、これは個人の設定ではなくワークスペースの設定として行います。このため、自分の都合ではなく、チーム全体でよく使うものを検討してください。適切に設定すればメンバー全員の手間を減らすことができるようになります。手順はP.140「2-14-3 ステータスのリストを変更する」で紹介します。

2-4 自分のログイン状態を設定する

「ログイン状態」は、いまの自分の状態を、「アクティブ／離席中／おやすみモード」の3種類でほかのメンバーに知らせる機能です。手作業で設定するステータスとは異なり、基本的には、端末の操作状態から自動的に判断されます。

2-4-1 ログイン状態は3種類

ログイン状態には、「アクティブ／離席中／おやすみモード」の3つがあります。「アクティブ」と「離席中」は自動判断されます。その基準は次のとおりです。

■アクティブと離席中を自動判断する基準

	アクティブ	離席中
パソコン	Slackアプリを起動してパソコンを使っている（バックグラウンドにあってもよい）	システムが何も操作されなくなって30分以上経過
Webブラウザ	ブラウザからSlackのページを開いている	ブラウザが何も操作されなくなって30分以上経過
モバイル端末	Slackアプリが開いている	アプリを切り替えた、アプリを終了した、画面をロックした

もう1つの「おやすみモード」とは、ユーザーに通知を行わないモードです。このモードになっていると、アプリを起動したり端末を操作したりしていても、解除しないかぎりアクティブにはなりません。手動でも設定できるので、非通知モードといってもよいでしょう。実際、画面によっては「非通知モード」と表示されます。

おやすみモードは、深夜帯には自動的にオンになるように、スケジュールとして設定されています。デフォルトでは、22時から8時までです。スケジュール機能は、オフにすることも、時間帯を変更することもできます。

● NOTE　「おやすみモード」はアイコンに「Zz」と添えられるため、いかにも寝ているように見えてしまいますが、実質的には非通知にあるというだけです。何らかの理由で通知を受け取れない、あるいは受け取りたくない場合に、積極的に使うほうがよいでしょう。もしもイメージが悪い場合は、「離席中」を設定しましょう。その場合、適宜「アクティブ」へ戻すことを忘れないでください。「離席中」の設定には、一定時間で自動的に「アクティブ」へ戻す機能がありません。

2-4-2 パソコンで「アクティブ／離席中」を変更する

Windows Mac ログイン状態の「アクティブ／離席中」を変更する手順は次のとおりです。

ステップ1

ワークスペースの名前をクリックし、メニューが開いたら「ログイン状態を離席中に変更」を選びます。

ステップ2

画面左上にある自分の表示名の左隣にあるアイコンが変わったことを確かめます。

色が塗りつぶされていないアイコンは、離席中であることを示します。

ステップ3

ワークスペースの名前をクリックし、メニューが開いたら「離席中：アクティブに変更」を選びます。

ステップ4

ログイン状態を示すアイコンが変わったことを確かめます。

色が塗りつぶされているアイコンは、アクティブであることを示します。

2-4-3 モバイル端末で「アクティブ／離席中」を変更する

iPhone Android ログイン状態の「アクティブ／離席中」を変更する手順は次のとおりです。

ステップ1

右サイドバーを開き、「設定」をタップします。「ログイン状態」の項目を探します。スイッチがオンのときは「アクティブ」です。

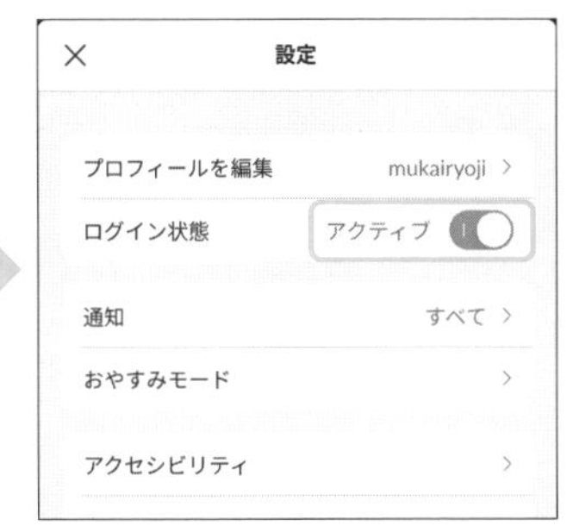

ステップ2

スイッチをオフにして、iPhoneでは「離席中」、Androidでは「オフライン」へ変更します。

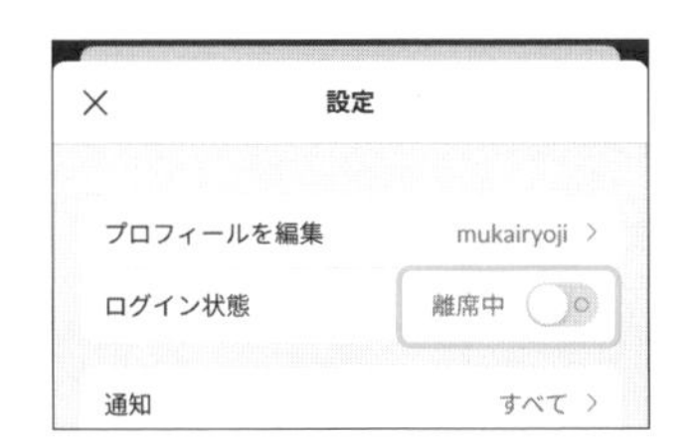

ステップ3

画面左上にある、iPhoneでは☒、Androidでは⬅をタップして元の画面へ戻ります。

「アクティブ」へ戻すには、同じ手順でスイッチを切り替えます。

2-4-4 パソコンでおやすみモードを設定する

Windows Mac 「おやすみモード」を設定する手順は次のとおりです。

ステップ1

ワークスペース名の右隣にあるベルのアイコン🔔をクリックし、メニューが開いたら「通知を一時停止する」の見出し以下から、設定したい時間を選びます。

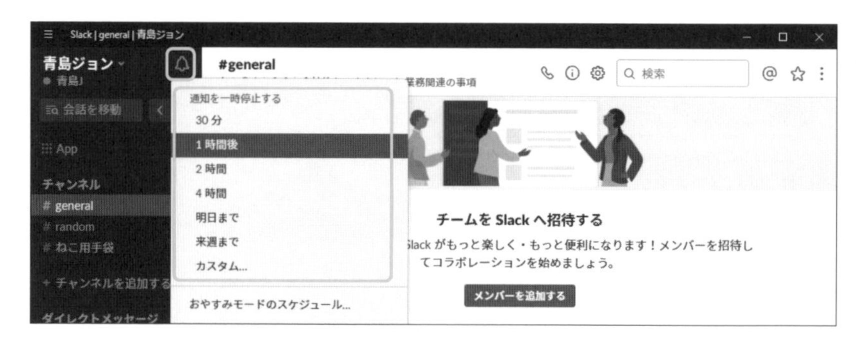

「1時間後」とは、いまから1時間のあいだは「おやすみモード」に設定して、通知しないという意味です。1時間経過すると自動的におやすみモードを解除します。

ステップ2

ベルのアイコンが変わったことを確かめてください。

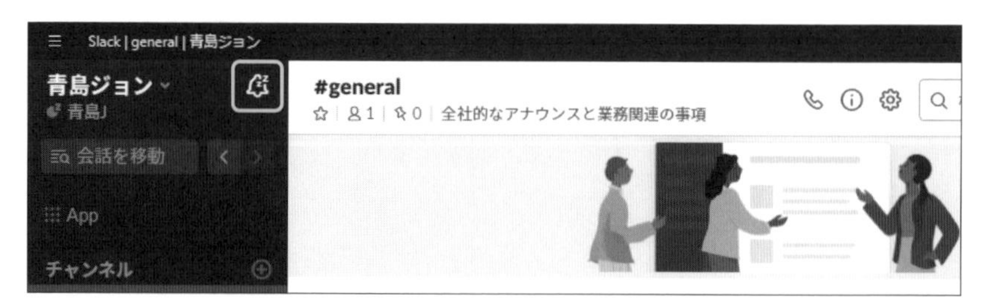

おやすみモードが設定されている間は、ベルのアイコンに「Zz」の文字が添えられます。

ステップ3

おやすみモードをいますぐ解除するには、ベルのアイコンをクリックして、メニューが開いたら「今すぐ通知を再開」を選びます。

ステップ4

ベルのアイコンが戻ったことを確かめます。

2-4-5 モバイル端末でおやすみモードを設定する

iPhone Android 「おやすみモード」を設定する手順は次のとおりです。

ステップ1

右サイドバーを開き、「おやすみモード」をタップします。

ステップ2

おやすみモードにしたい時間をタップします。画面上端に、「Zz」の文字が添えられたベルのアイコン が表示されます。

「30分経過後」とは、いまから30分間は「おやすみモード」に設定して通知を行わず、30分間経過したら解除するという意味です。

ステップ3

おやすみモードをいますぐ解除するには、ベルのアイコンをタップします。

ステップ4

メニューが開いたら「オフにする」をタップします。画面上端にあったベルのアイコンが消えたことを確かめてください。

2-4-6 パソコンでおやすみモードを設定する

Windows Mac 自動的に「おやすみモード」を設定する時間帯を変更する手順は次のとおりです。

ステップ1

ワークスペース名の右隣にあるベルのアイコンをクリックし、メニューが開いたら「おやすみモードのスケジュール...」を選びます。

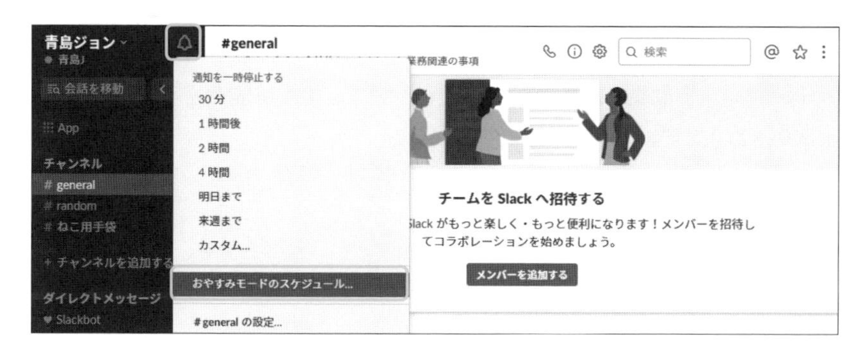

ステップ2

必要に応じて設定を変更します。

Ⓐ 自動的におやすみモードへ変更する機能を使いたくないときは「以下の時間帯は、自動的に非通知にする」オプションをオフにします。

Ⓑ 時間帯を変更するには、時刻をメニューから選びます。直接入力はできません。

ステップ3

設定を終えたら、画面右上の⊠をクリックします。

2-4-7 モバイル端末でおやすみモードを設定する

iPhone Android 自動的に「おやすみモード」を設定する時間帯を変更する手順は次のとおりです。

ステップ1

右サイドバーを開き、「設定」をタップします。

ステップ2

「おやすみモード」をタップします。

ステップ3

必要に応じて設定を変更します。

Ⓐ 自動的におやすみモードへ変更する機能を使いたくないときは「スケジュール」オプションをオフにします。

Ⓑ 時間帯を変更するには、「開始」または「終了」をタップして時刻を指定します。

ステップ4

設定を終えたら、画面左上のリンクをタップするなどして元の画面へ戻ります。

2-5 自分にダイレクトメッセージを送る

自分自身に対して、メッセージを送る練習をしてみましょう。
自分あてのメッセージは履歴には残りますが
自分だけが読むものですので、練習用にぴったりです。
慣れてきたら、メッセージの下書き、備忘録、連携するツールのコマンドを入力するなどの用途で使うとよいでしょう。

2-5-1 ダイレクトメッセージとは

「ダイレクトメッセージ」とは、メンバー間で、1対1で送受信できるメッセージです。ほかの誰からも読まれることはありませんし、ほかのメッセージに埋もれてしまうおそれがありません。

送信先を確かめる

メッセージを送るときは、送信先をよく確かめてください。これは、どこへどんなメッセージを送るときも同じです。

もしも送信先を間違えても、自分専用のワークスペースであれば誰に見られることもありません。逆に、すべてを全員参加のチャンネルで話し合うような小さなチームであれば、そもそもダイレクトメッセージを送る機会自体がないかもしれません。

大人数が参加するワークスペースの場合でも、たとえ送り先を間違えても相手は少なくともチーム内のメンバーですから、メールとは異なり、まったく関係のない人に機密情報を送るおそれはほとんどないでしょう。送信済みメッセージの削除や編集も可能です。

しかし、送り先の部署や職位が異なったり、取引先や委託先など組織外のメンバーが参加するような場合は、送り先を間違えると、内容によっては意図しなかった事態を招くおそれもあります。よく注意してください。

● NOTE　送り先を間違えないためにできることは、相手をよく確認することしかありません。一方、受信者としては、特徴的なプロフィール画像を設定する、表示名に部署名を入れるなどして、相手が間違えないように工夫しましょう。

2-5-2 パソコンでダイレクトメッセージを送る

Windows Mac 自分あてにメッセージを送る手順は次のとおりです。

ステップ1

画面左側のメニューで「チャンネル」の見出しの中にある「#general」をクリックし、表示を確かめます。

この操作で、ダイレクトメッセージを送る相手を選択します。

画面右側の上端には「#general」、メッセージの入力欄には「#generalへのメッセージ」と表示されていて、送信先がつねに目に付くようになっています。

ステップ2

画面左側の「ダイレクトメッセージ」の見出しの中にある自分の名前をクリックします。自分あてのダイレクトメッセージをやりとりする画面へ切り替わります。

前のステップの図と見比べてください。右側上端には送信先の名前があり、ログイン状態も表示されています。ほかのメンバーへメッセージを送る場合は、相手がすぐに返事できる状態かどうかがこの表示でわかります。また、入力欄にはグレーで送信先が表示され、送り先の間違いを防ぎます。自分あてのメッセージは実質的には自分用のメモですので、「メモを書く」と表示されます。

ステップ3

入力欄をクリックしてメッセージの文章を入力します。改行もできます。

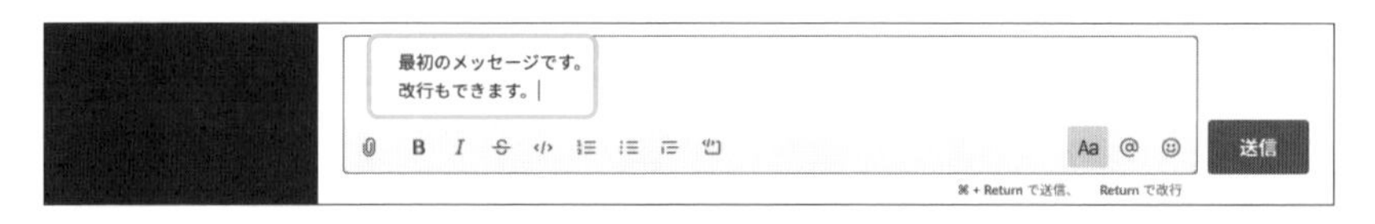

● NOTE　メッセージの入力欄に文字を入力すると、入力欄の右下に「Returnで改行」などのガイドが表示されます。このように、状況に応じて一時的にガイドを表示することがよくあります。

ステップ4

右下の「送信」をクリックして、メッセージを送信します。

キーボードに慣れていれば、次の操作でも送信できます。

- Windows Ctrl + Enter
- Mac ⌘ + return

ステップ5

メッセージが送信されたことを確かめます。

メッセージの履歴は、新しいものが末尾に追加されます。

2-5-3 モバイル端末でダイレクトメッセージを送る

iPhone Android 自分あてにメッセージを送る手順は次のとおりです。

ステップ1

いま選択されている宛先と、メッセージ入力欄の表示を見比べます。

Androidでは2段目、iPhoneでは画面上端に表示されている名前が、いま選ばれている宛先です。図では「#general」チャンネルが選ばれています。メッセージの入力欄にも「#general……」と表示されていて、送信先が常に目に付くようになっています。

Android

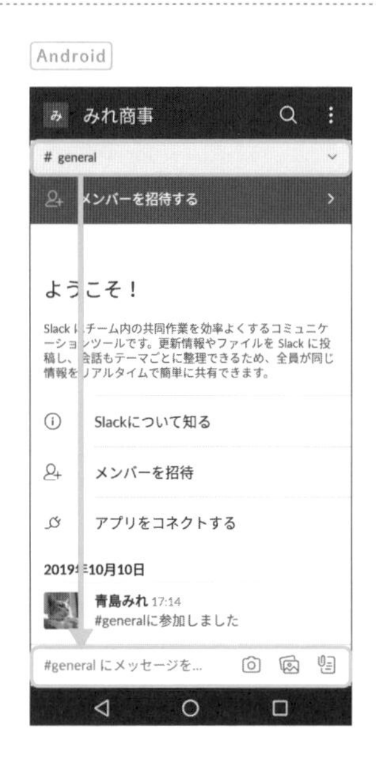

iPhone

ステップ2

左サイドバーを表示して、「ダイレクトメッセージ」の見出しの下にある自分の名前をタップします。

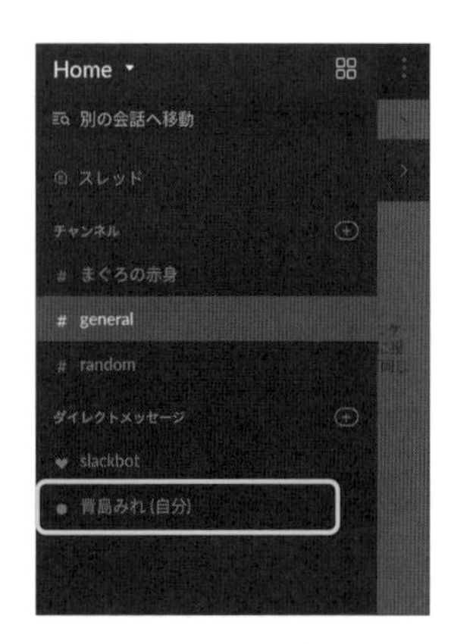

この操作で、ダイレクトメッセージを送る相手を選択します。

ステップ3

自分あてのダイレクトメッセージをやりとりする画面へ切り替わります。

最初のステップの図と見比べてください。「#general」から宛先が変わり、入力欄の表示も変わっています。自分あてのメッセージは実質的には自分用のメモですので、「メモを書く」と表示されます。

ステップ4

入力欄をタップしてメッセージの文章を入力します。改行もできます。入力できたら、入力欄の右下にある、Androidでは紙飛行機のアイコン▶、iPhoneでは「送信」をタップして、メッセージを送信します。

メッセージの入力欄では、メールソフトなどと同様に通常の改行ができます。

ステップ5

メッセージが送信されたことを確かめます。

メッセージの履歴は、新しいものが末尾に追加されます。

2-5-4 書きかけのメッセージ

入力欄に何らかの内容があるまま送信せず、ほかのチャンネルを選ぶなどして画面を移動すると、「下書き」として扱われ、画面左側に「下書き」の見出しとともに宛先の名前が表示されます。

パソコンの「下書き」

送信しないまま「#general」を選ぶ

Ⓐ 送信先は自分

Ⓑ「下書き」カテゴリーへまとめられた

モバイル端末の「下書き」

送信しないまま左サイドバーで「#general」を選ぶ

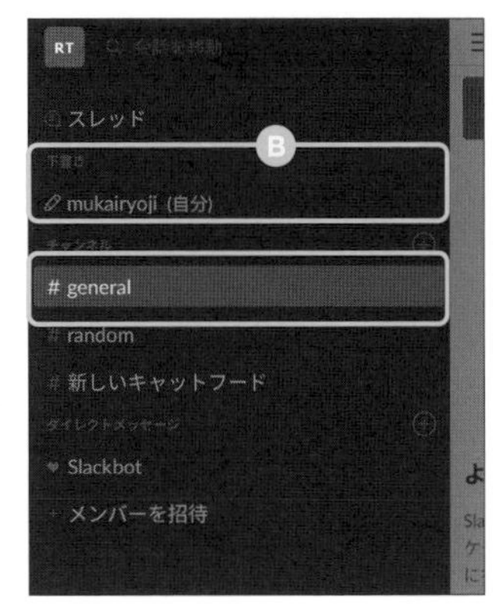

Ⓐ 送信先は自分

Ⓑ「下書き」カテゴリーへまとめられた

2-6 メッセージを装飾する

メッセージの文章に、太字、斜体、取り消し線、番号付きの箇条書き、番号なしの箇条書き、引用など、さまざまな装飾や書式をつけることができます。視覚的にも読みやすくなるので、必要に応じて適切に使うとよいでしょう。

2-6-1 パソコンでメッセージを装飾する

Windows Mac 文字を装飾する手順は、一般的なワープロアプリなどと同様です。

■メッセージの装飾

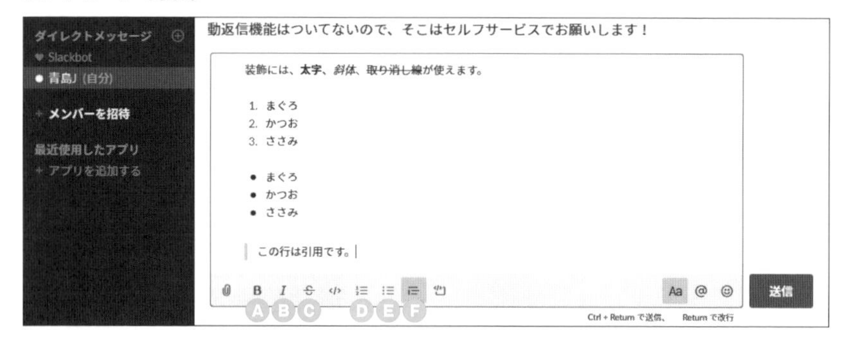

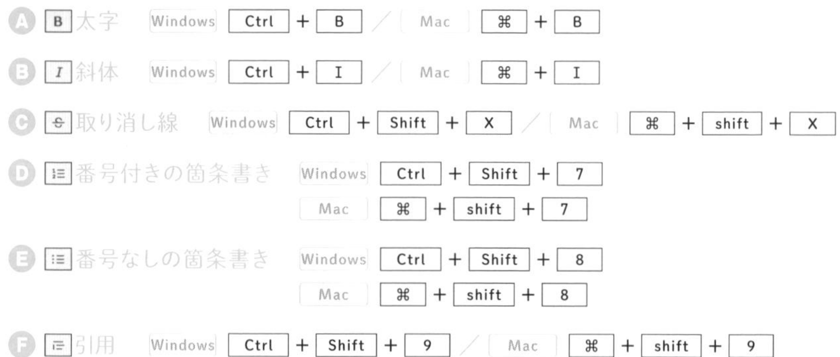

箇条書きと引用の設定は、設定を解除するまで次の行も自動的に設定されます。解除するには、それぞれの設定ボタンを再びクリックするか、続けて何度か改行します。

斜体は、端末によっては効果がほとんどわからないか、あるいは現れないので、使わないほうがよいでしょう。

2-6-2 モバイル端末でメッセージを装飾する

iPhone Android 文字を装飾する手順は、一般的なワープロアプリなどと同様です。書式設定のボタン類を表示するには、入力欄の左下にある Aa アイコンをタップします。元の画面へ戻るには、iPhoneでは●マーク、Androidでは●マークをタップします。

モバイル端末では、環境によっては Aa アイコンが表示されないことがあります。その場合は所定の記号を本文中に記入する方法が使えることがあります(詳細はP.93「2-6-5 記号を使って設定する」を参照)。

■書式設定のボタンを表示する

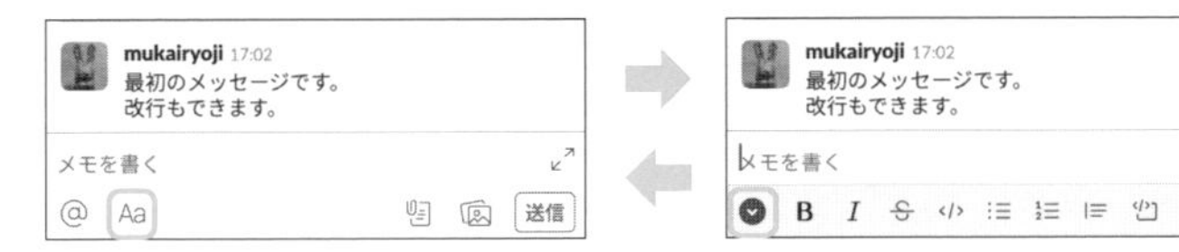

■メッセージの装飾

A B 太字

B I 斜体(図では斜体に見えませんが、設定は行っています)

C 取り消し線

D 番号なしの箇条書き

E 番号付きの箇条書き

F 引用

箇条書きと引用の設定は、設定を解除するまで次の行も自動的に設定されます。解除するには、それぞれの設定ボタンをタップするか、続けて何度か改行します。

斜体は、端末によっては効果がほとんどわからないか、あるいは現れないので、使わないほうがよいでしょう。

● NOTE　iPhone 入力欄を広げるには、入力欄の右上にある斜め方向の矢印のアイコン をタップします。 をタップすると縮みます。

2-6-3 URLを入力してリンクを設定する

All WebサイトのURLは、入力すると自動的に判別され、リンクが設定されます。

URLの前後にはスペースを入れるか、URLのみを1行で記入します。単語をスペースで空けない日本語では区切りが期待通りに判別されないことがあります。スペースは全角でもよいようです。図はパソコンですが、モバイル端末でも動作は同じです。

■URLは前後にスペースを入れると確実

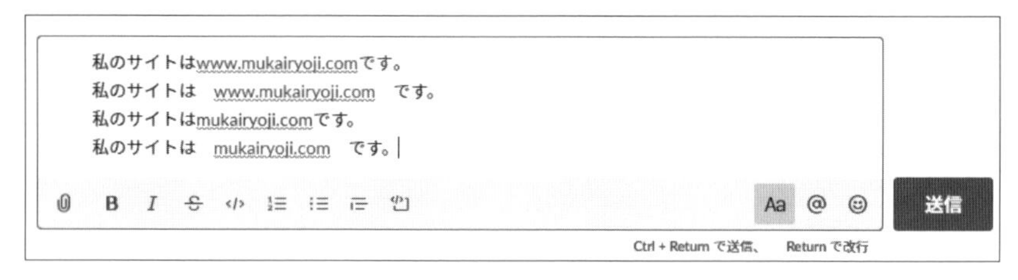

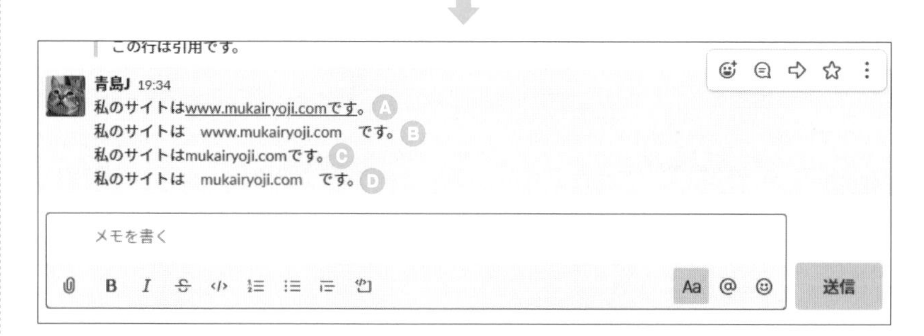

A 「です」までを含めてURLと判別されているので、クリックすると誤ったURLへアクセスしてしまいます。

B 前後にスペースがあるので期待通りに判別されます。

C URLと判別されなかったためリンクも設定されません。

D 先頭に「www」がないURLでも自動判別されてリンクが設定されます。

図では日常的な書き方にならってhttpsまたはhttpのプロトコル表記を省いていますが、もちろん含めてもかまいません。

● NOTE　記入時に文字列の下に現れる波線は、スペルチェックのエラーを示しています。パソコンでスペルチェックをオフにする手順は次のとおりです。
①ワークスペースの名前をクリックしてメニューから「環境設定」を選びます。
②画面左側から「詳細設定」カテゴリを選びます。
③「入力オプション」の見出しの中にある「メッセージのスペルチェックを有効にする」オプションをオフにします。

2-6-4 プログラムコード用の書式を設定する

All プログラムコード用の書式を設定できます。これには「インラインコード」と「コードブロック」の2種類があります。

■プログラムコード用の書式

A インラインコード：日本語の文章中にコードを含める場合に使います。設定する手順は太字と同じです。

B コードブロック：行の中にコードのみを記述する場合に使います。1行でも複数行でもかまいません。設定する手順は箇条書きと同じです。

2-6-5 記号を使って設定する

All 装飾や書式を設定するには、本文中で、指定したい範囲の前後に所定の記号を入れる方法もあります。対応する記号を暗記する必要がありますが、キーボードから手を離さずに指定できるという利点があります。

記号を半角で入力するときは、スペースも必要です。太字とインラインコードは全角でも認識され、スペースは不要です。ただし、推測変換のようにまとめて語句を挿入する方式では認識されないようですので、日本語の入力方式によっては認識されないことがあります。

■記号の入力

装飾／書式	記号	記述例
太字	＊（アスタリスク）	次に ＊太字＊ を設定します。 次に*太字*を設定します。
斜体	_（アンダースコア）	次に _斜体_ を設定します。
取り消し線	~（チルダ）	次に ~取り消し線~ を設定します。
インラインコード	`（バッククォート）	次に `コード` を設定します。 次に`コード`を設定します。

また、箇条書きと引用は、段落先頭を次の書式で書き始めると設定されます。ただし、モバイル端末の一部では対応しないようです。

- 番号付きの箇条書き：「1. 」（数字+ピリオド+スペース）で書き始めます。
- 番号なしの箇条書き：「＊ 」（アスタリスク+スペース）または「- 」（ハイフン+スペース）で書き始めます。
- 引用：「>」（小なり記号）で書き始めます。全角でも認識されます。

● NOTE　Windows　Mac　入力欄のボタンが不要な場合は、次の手順で隠しておくことができます。

①ワークスペース名をクリックしてメニューから「環境設定」を選びます。
②画面左側にある「詳細設定」カテゴリを選びます。
③「入力オプション」カテゴリにある「マークアップでメッセージを書式設定する」オプションをオンにします。なお、このオプションがオフでも、記号を使った書式設定は利用できます。

2-7 絵文字を使う

チャットアプリらしく、絵文字を使うことができます。用件ばかりが並んで気詰まりなときに雰囲気を和らげたり、「読んだよ」「了解」などの単純な確認に使うとよいでしょう。

2-7-1 パソコンで絵文字を使う

Windows Mac 絵文字を入力するには、入力欄の右下にあるスマイルアイコン☺をクリックして、メニューから選びます。

■絵文字を入力する

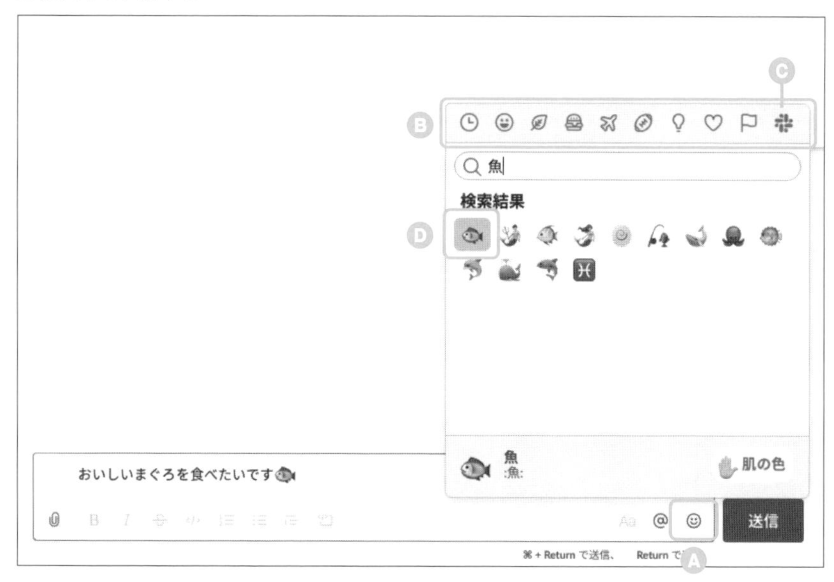

Ⓐ 絵文字一覧のパネルを開く

Ⓑ 絵文字のカテゴリーを切り替える

Ⓒ 自分で用意した画像を使った絵文字のカテゴリー（設定する手順はP.202「3-7 カスタム絵文字を使う」を参照）

Ⓓ クリックして入力する

2-7-2 iPhoneで絵文字を使う

iPhone 絵文字を入力するには、iOSの「絵文字」キーボードを使います。絵文字キーボードを使うには、入力欄をタップして文字を入力できる状態にしてから、次のいずれかの方法で切り替えます。

- フリック入力の日本語モードのキーボードで、左下にあるスマイルアイコン☺をタップします(次の図を参照)。
- キーボードを切り替える地球儀アイコン🌐を何度か押します。
- キーボードを切り替える地球儀アイコン🌐を長押しして、メニューが開いたら「絵文字」を選びます。

■フリック入力の日本語キーボードで絵文字を入力する

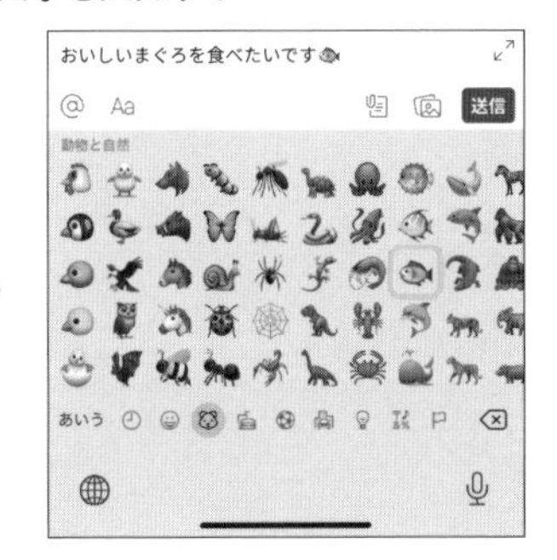

もしも絵文字キーボードがないときは、次の手順で設定してください。

ステップ1

ホーム画面で「設定」アプリを開きます。

ステップ2

「一般」→「キーボード」→「キーボード」→「新しいキーボードを追加...」の順にタップします。

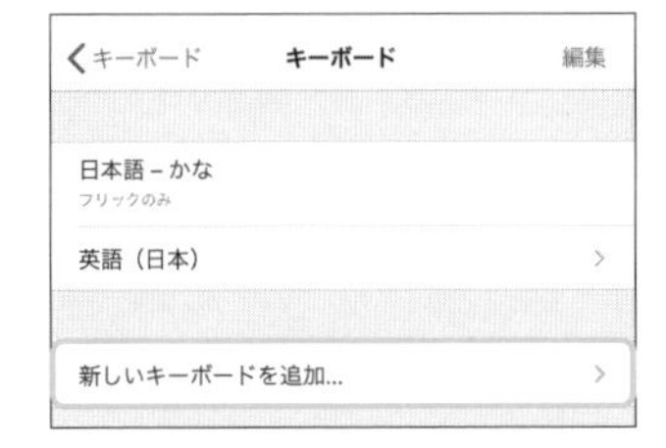

ステップ3

「新しいキーボードを追加」画面で、「絵文字」をタップします。

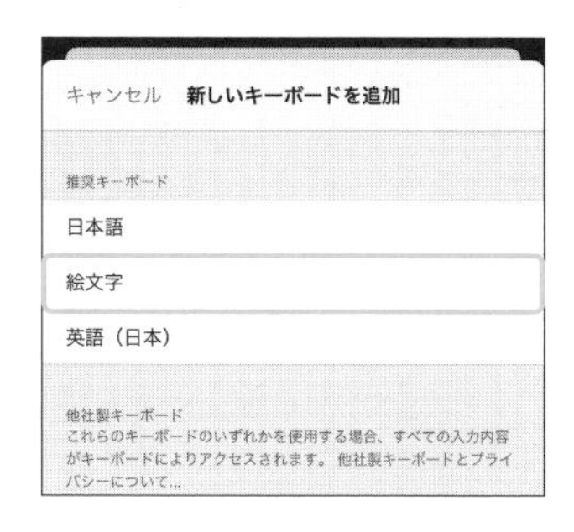

ステップ4

前の画面へ戻ってリストに「絵文字」が現れれば完了です。

● ● ● ● ● ●

● NOTE　iOS独自の機能である「ミー文字」は、画像として送信されます。また、自分で用意した画像を絵文字にできる「カスタム絵文字」は、絵文字コードを使って入力する必要があります（詳細はP.202「3-7 カスタム絵文字を使う」を参照）。カスタム絵文字はSlack特有の機能であるため、キーボードからは選べません。「:(絵文字の名前):」の書式を使って入力します。

2-7-3 Androidで絵文字を使う

Android 絵文字を入力するには、入力欄の左下にあるスマイルアイコン☺をタップして、メニューから選びます。

■絵文字を入力する

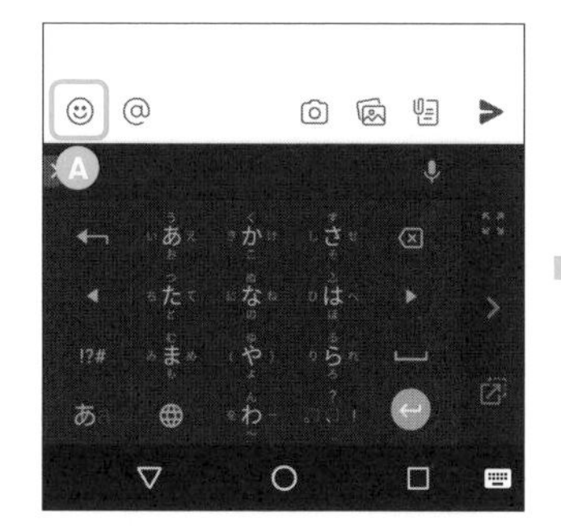

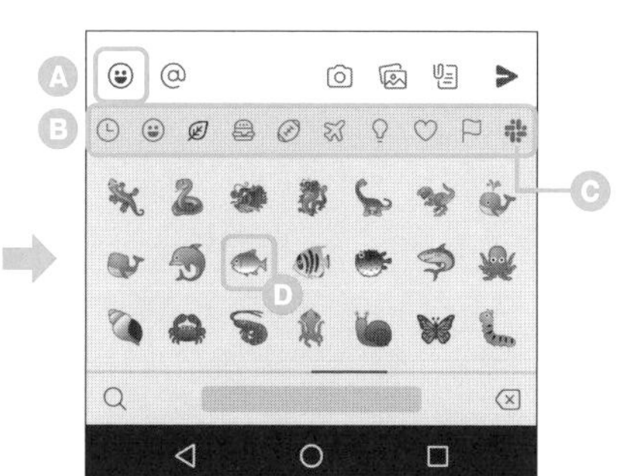

Ⓐ 絵文字一覧のパネルを開く／閉じる
Ⓑ 絵文字のカテゴリーを切り替える
Ⓒ 自分で用意した画像を絵文字にできる「カスタム絵文字」（設定する手順はP.202「3-7 カスタム絵文字を使う」を参照）
Ⓓ タップして入力する

2-7-4 絵文字だけを送る

All 同じ手順で絵文字を記入しても、絵文字だけを送信すると、文章の中に絵文字を入れたときよりもひとまわり大きく表示されます。

■絵文字のみのメッセージはひとまわり大きく表示される

2-7-5 文字で絵文字を入力する

絵文字は、文字を使って入力することもできます。頻繁に使うものは覚えてしまうと便利です。入力方法には2種類あります。

Windows Mac Android 1つは半角の「:」（コロン）で絵文字の名前を挟み、「:魚:」のように入力する方法です。実際には、コロンに続けて何か文字を入力すると候補が表示されるので、メニューから選べるようになり、最後のコロンは入力する必要はありません。絵文字の名前は日本語の場合もあります。あるいは、メニューを使わずにそのまま文字として入力してもかまいません。

■「:時計」と入力すると候補の絵文字を表示する

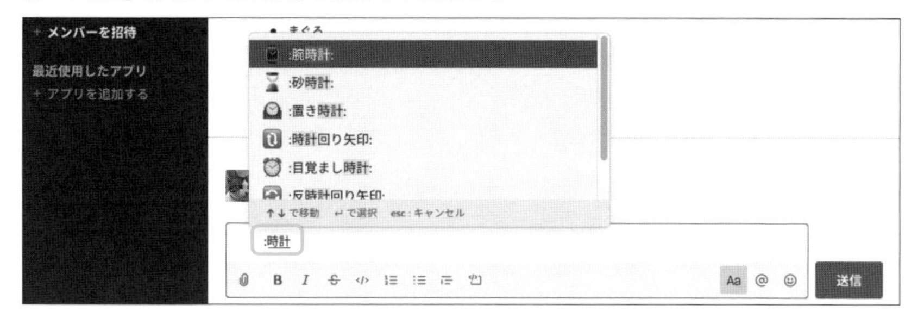

Android コロンを入力するだけでも最近使った絵文字のリストを表示します。

■Androidではコロンを入力するだけで履歴を表示する

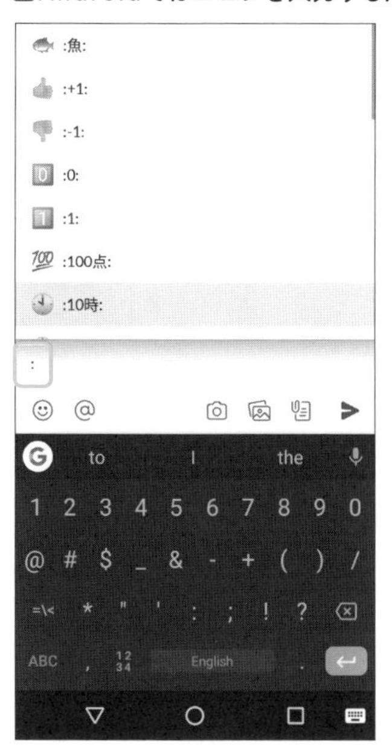

● NOTE　ほとんどの日本語入力アプリでは、Unicodeで採用されている絵文字を通常のかな漢字変換で候補に表示できます。無理にSlackの機能を使って入力しなくてもよいでしょう。なお、絵文字の名前をコロンで挟む方法は、Slack特有の機能である「カスタム絵文字」のみに使うのが現実的でしょう。とくにiPhoneでは、末尾のコロンを入力するまで候補が表示されないため、操作が面倒です。

Windows Mac もう1つの方法は、半角文字の記号を絵文字へ変換する方法です。この絵文字は「エモティコン」と呼ばれます。

■エモティコンのリスト(https://slack.com/intl/ja-jp/help/articles/202931348より)

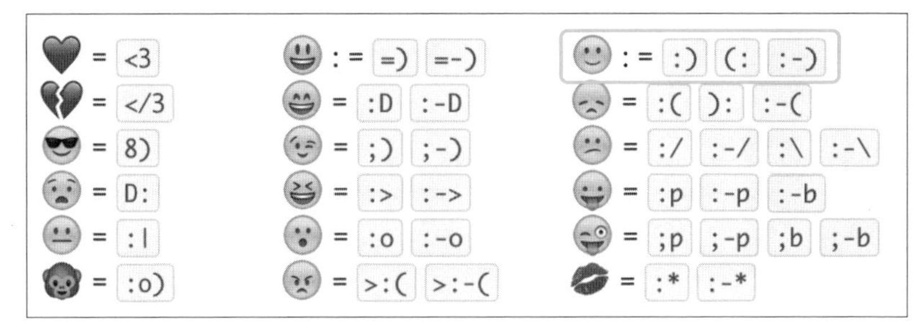

入力欄にこれらの記号を入力すると、それぞれ絵文字へ変換されて送信されます。入力時に確認するには、記号に続けてスペースを入力します。

■エモティコンを入力欄で確認する

記号に続けてスペースを入力

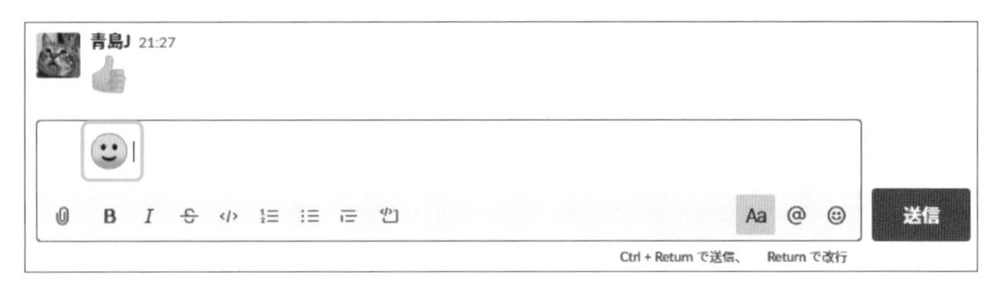

2-8 送信済みメッセージを編集する

いったん送信したメッセージを、後から内容を書き換えたり、削除したりできます。
編集した場合は内容が変わったことがわかるので、編集前に読んだ人にも内容が変わったことがわかります。
削除した場合は、何も記録が残りません。

2-8-1 パソコンで送信済みメッセージを編集する

Windows Mac 送信済みのメッセージを編集・削除する手順は次のとおりです。

ステップ1

まず、送信済みのメッセージを編集してみましょう。目的のメッセージにポインタ（マウスカーソルの矢印）を重ねます（クリックする必要はありません）。すると右上にボタン類が表示されるので、点が3つあるアイコン⋮の「その他」をクリックします。

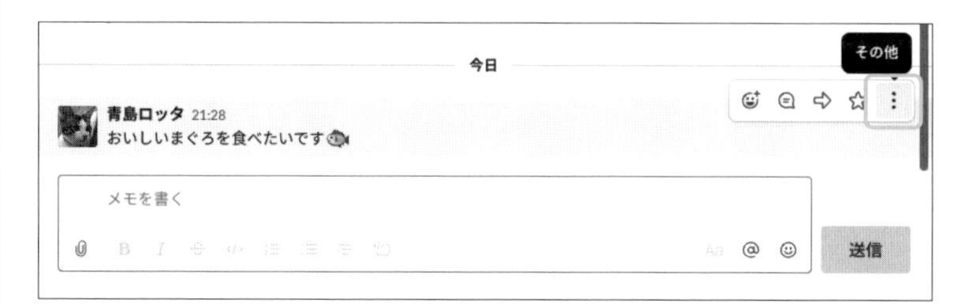

ステップ2

メニューが開いたら、「メッセージを編集する」を選びます。

ステップ3

メッセージの内容を編集する画面へ切り替わります。内容を書き換えたら「変更を保存する」ボタンをクリックします。

ステップ4

メッセージの内容が編集されたことを確かめます。

このとき、メッセージには「(編集済み)」と併記されます。これにより、もしもすでに誰かが読んでいた場合でも、送信後に変更されたことがわかります。

ステップ5

次に、このメッセージを削除してみましょう。編集と同じ手順でメニューを開き、「メッセージを削除する」を選びます。

ステップ6

確認画面が表示されます。本当に削除するには「削除する」ボタンをクリックします。

ステップ7

履歴からメッセージが削除されます。

削除したときは、そのメッセージがあったこと自体が削除されます。ほかのメンバーがすでに読んでいる可能性も考えて、必要に応じてフォローのメッセージを送るとよいでしょう。

2-8-2 モバイル端末で送信済みメッセージを編集する

iPhone Android 送信済みのメッセージを編集・削除する手順は次のとおりです。

ステップ1

まず、送信済みのメッセージを編集してみましょう。目的のメッセージを長押しします。

ステップ2

メニューが開いたら、iPhoneでは「メッセージを編集」、Androidでは「メッセージを編集する」をタップします。

なお、このメニューには下に続きがあり、上へスワイプして表示できます。ここでは必要ありませんが、続きがあることは覚えておいてください。

ステップ3

メッセージの内容を編集する画面へ切り替わります。内容を書き換えたら、iPhoneでは入力欄の右下にある「保存」、Androidではチェックマーク☑をタップします。

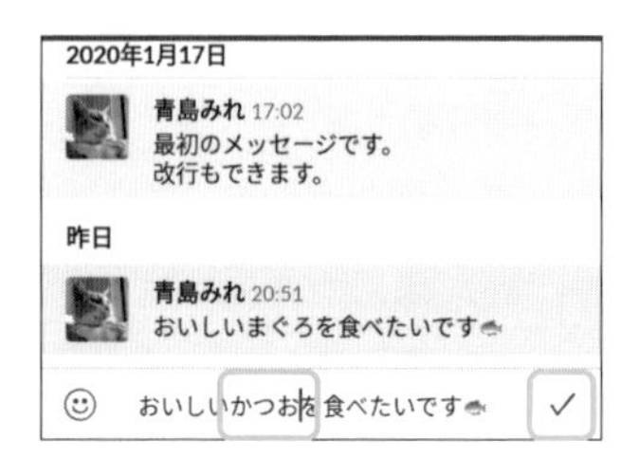

ステップ4

メッセージの内容が編集されたことを確かめます。

このとき、メッセージには「(編集済み)」と併記されます。これにより、もしもすでに誰かが読んでいた場合でも、送信後に変更されたことがわかります。

ステップ5

次に、このメッセージを削除してみましょう。編集と同じ手順でメニューを開き、iPhoneでは「メッセージを削除」、Androidでは「メッセージを削除する」をタップします。

ステップ6

確認画面が表示されます。本当に削除するには、iPhoneでは「メッセージを削除」、Androidでは「削除する」をタップします。

メッセージを削除

このメッセージを本当に削除しますか？削除後は元に戻すことはできません。

キャンセル　削除する

ステップ7

履歴からメッセージが削除されます。

削除したときは、そのメッセージがあったこと自体が削除されます。ほかのメンバーがすでに読んでいる可能性も考えて、必要に応じてフォローのメッセージを送るとよいでしょう。

2-9 画像を送信する

チャットのメッセージに交えて、画像ファイルを送信できます。ほぼ同じ手順で、音声、動画、PDFなど、一般的な形式のファイルも扱えます。より一般的なファイルの扱い方については P.290「5-1 ファイルを共有する」で紹介します。

2-9-1 パソコンで画像ファイルを送信する

Windows Mac 画像ファイルを送信する手順は、次のとおりです。

ステップ1

画像ファイルを指定するには、ファイル選択のダイアログを使う方法と、ドラッグ&ドロップを使う方法があります。

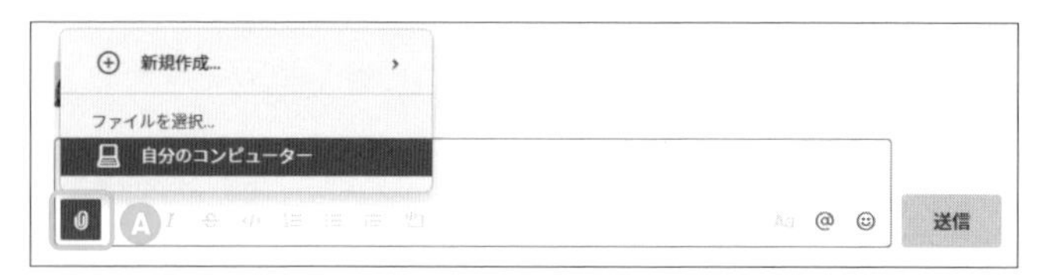

Ⓐ 入力欄の左下にあるクリップのアイコンをクリックし、メニューが開いたら「自分のコンピューター」を選びます。ファイル選択のダイアログが開いたら、目的のファイルを選びます。

B 画像ファイルのアイコンを履歴の画面へドラッグ&ドロップします。1度の操作で10個までのファイルを扱えます。なお、Shift キーを押しながらドロップすると、以降のステップを省略してすぐに送信します。

ステップ2

「ファイルをアップロードする」画面が開いたら、必要に応じてメッセージを記入してから、「アップロード」ボタンをクリックします。

ステップ3

送信できたことを確かめます。画像をクリックすると、個別に大きく表示できます。

元の画面へ戻るには、画面右上の ☒ をクリックするか、Esc キーを押します。

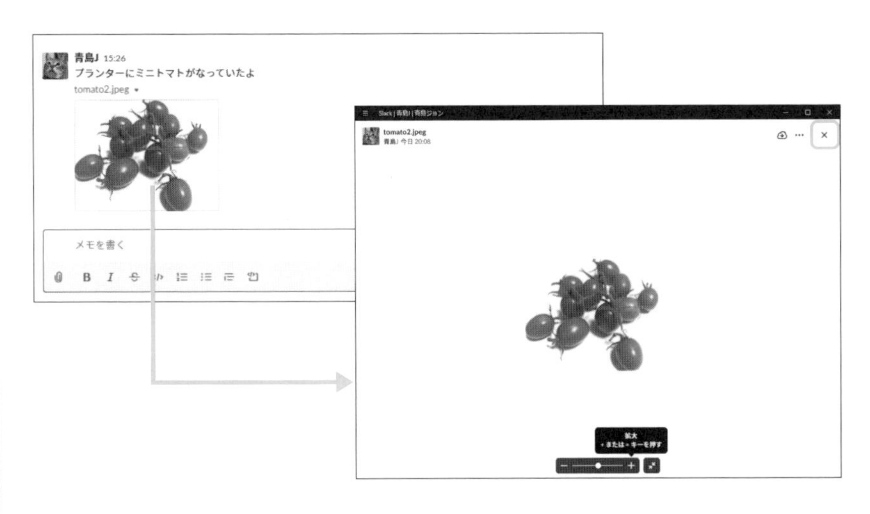

2-9-2 iPhoneで画像を送信する

iPhone 画像を送信する手順は次のとおりです。すでに「写真」ライブラリにある画像だけでなく、その場で撮影することもできます。

ステップ1

入力欄の右下にある画像のアイコンをタップします。いますぐ撮影する場合も同じです。

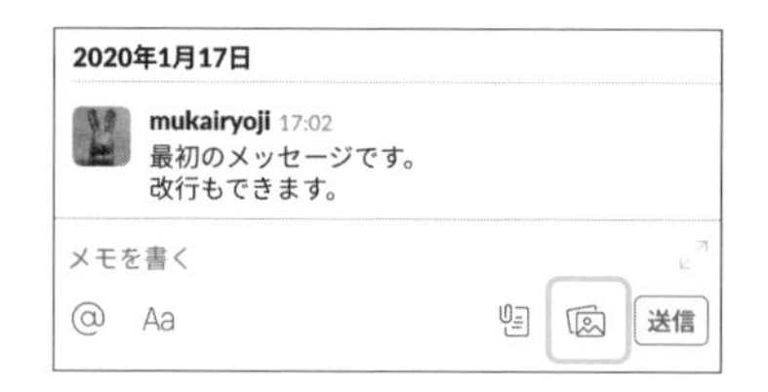

もしも「写真」ライブラリへのアクセスの許可を求められた場合は、許可してください。

ステップ2

最近保存された画像が表示されます。左右へスワイプして目的の画像を探します。

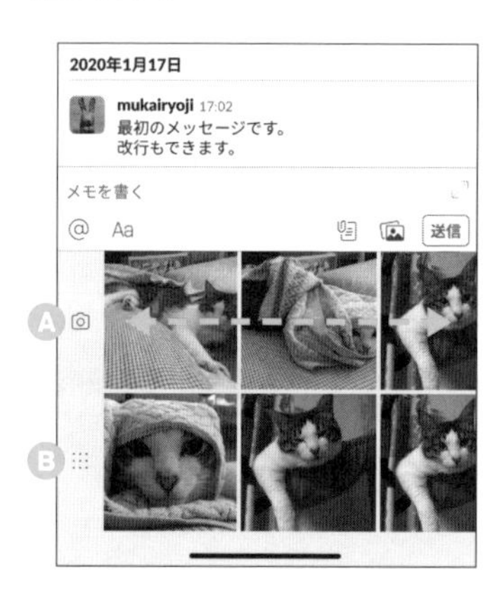

A カメラへ切り替えて、いますぐ写真を撮影できます。

B 「写真」ライブラリにあるすべての写真から選択します。

ステップ3

送信したい画像をタップして選びます。1度に4点まで選べます。

ステップ4

必要に応じてメッセージを記入し、「送信」ボタンをタップします。

ステップ5

送信できたことを確かめます。画像をタップすると、個別に大きく表示できます。

元の画面へ戻るには、いずれかの方向へスワイプします。

2-9-3 Androidで画像を送信する

Android 画像を送信する手順は次のとおりです。すでに端末内に保存されている画像だけでなく、その場で撮影することもできます。

ステップ1

入力欄の右下にある画像のアイコンをタップします。

いますぐ写真を撮影する場合は、左隣にあるカメラのアイコンをタップして、表示に従ってください。

ステップ2

最近保存された画像が表示されます。上下へスワイプして目的の画像を探します。

Ⓐ 端末にあるすべての写真から選択します。

ステップ3

送信したい画像をタップして選びます。1度に4点まで選べます。

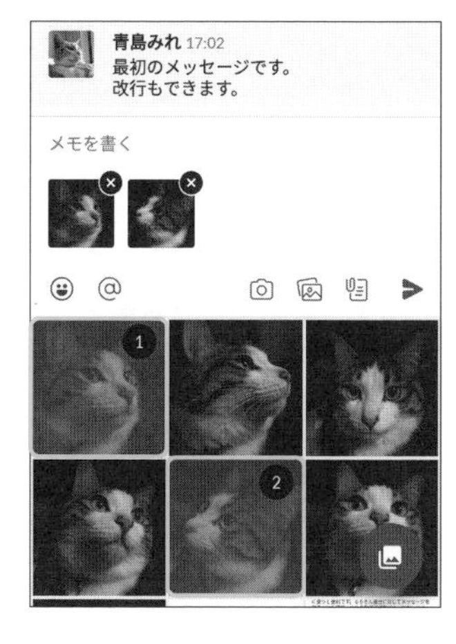

ステップ4

必要に応じてメッセージを記入し、紙飛行機アイコンをタップします。

ステップ5

送信できたことを確かめます。画像をタップすると、個別に大きく表示できます。

2-10 リマインダーを使う

**Slackにはリマインダーが内蔵されていて、
メッセージごとに知らせてほしい時間を設定できます。
受け取ったメッセージを流用できるので入力する手間がありません。
複数のメッセージに対してそれぞれ異なる時間を設定できるので、
ToDoリストとしても使えます。**

2-10-1 リマインダーとは

ある用件を、いますぐには実行できない場合や、時間を変えて実行する必要がある場合には、指定した時刻に通知するように設定できます。この機能を「リマインダー」と呼びます。

リマインダー自体はOS付属のアプリなどにも備わっていますが、Slackでも利用できます。メッセージをそのまま内容に指定できることと、通知をSlackに一元化できることが特徴です。

ただし、メニューから選べるものは「20分後／1時間後／3時間後／明日9時／来週の同じ曜日の9時」の5種類だけですので、厳密な指定には向いていません。

● NOTE　「/remind（用件）（時刻）」という書式でメッセージを送信すると、「15分後」のような任意の時間、「16時15分」のような任意の時刻、毎週の繰り返しなどを使ったリマインダーを設定できます。ただし、メッセージをそのまま流用できないので、やや面倒になります。このような指示の方法を「スラッシュコマンド」と呼びます。興味のある方はヘルプを参照してください。

Macユーザー向けの注意

Mac アプリを終了すると、指定時刻になっても通知されません。リマインダーを設定したときはアプリを終了しないように注意してください。ウインドウが邪魔なときは、「Slack」→「Slackを隠す」を選んで、起動したまま隠しておくとよいでしょう。

ただし、モバイル端末のアプリで同じワークスペースへ参加していればそちらから通知されるので、Macではアプリを終了してもかまいません。

なお、このことはほかのメンバーからメッセージが届いたときの通知でも同じです。Macユーザーの方はアプリを終了しないように注意するか、モバイル端末と併用することをおすすめします。

2-10-2 パソコンでリマインダーを使う

Windows Mac リマインダーを使う手順は次のとおりです。

ステップ1

リマインダーに登録したい内容を自分あてのダイレクトメッセージとして送信します。

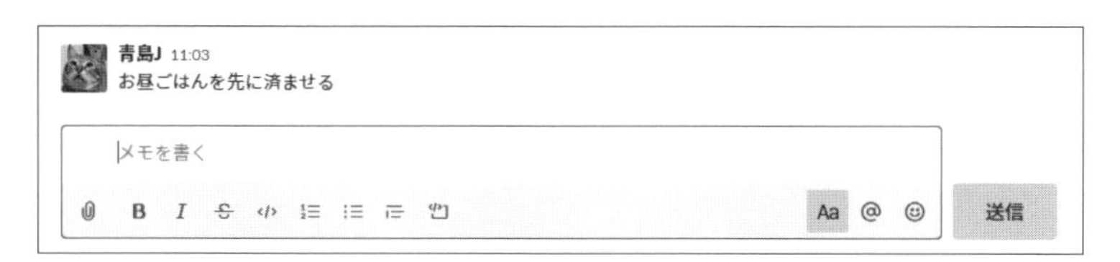

または、履歴をたどるなどして、リマインダーに登録したいメッセージを探します。登録するメッセージはいつ送信されたものでもかまいません。

なお、パブリックチャンネルなどに送信すると他人にメッセージが送られてしまうので注意してください。

ステップ2

メッセージにポインタを重ねて、右上にボタン類が表示されたら「その他」⋮をクリックします。

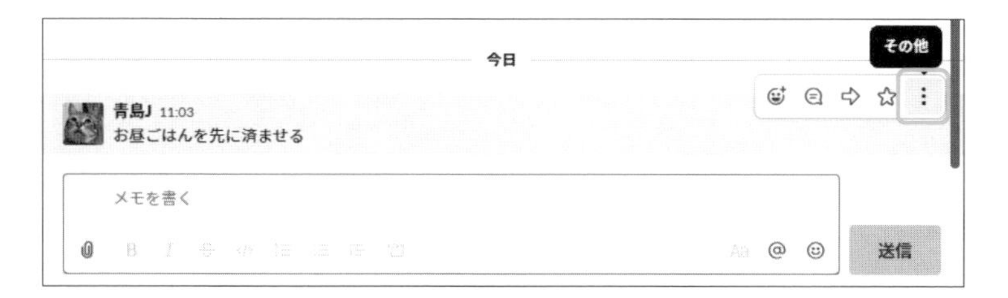

ステップ3

メニューが開いたら、「後でリマインドする」→「(時間)」を選びます。

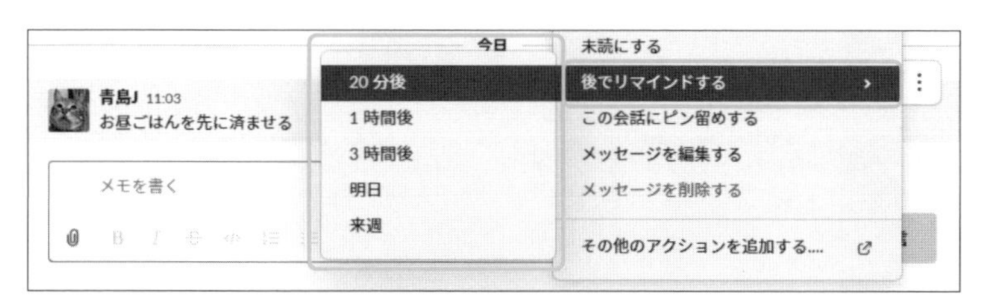

ステップ4

登録を確認するメッセージがSlackbotから届きます。

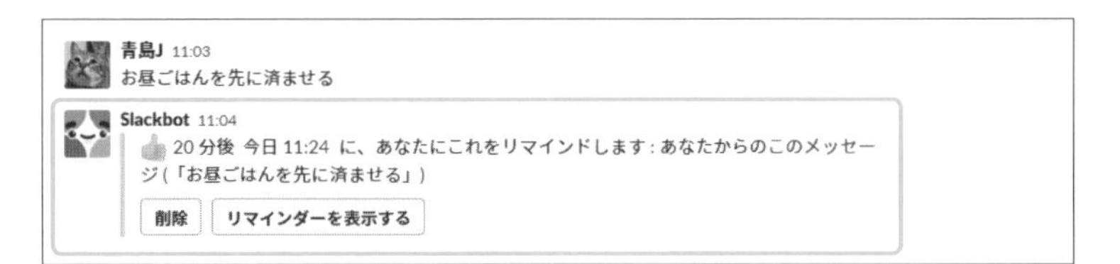

Slackbotとは、Slack自体に組み込まれている自動応答機能です(詳細はP.121「2-11 Slackbotを使う」を参照)。なお、もしもこのリマインダーが設定時刻の前に不要になったら、履歴をスクロールしてこのメッセージを探し、「削除」をクリックします。

ステップ5

画面左側の一覧で「チャンネル」の見出しにある「#general」をクリックします。

別の作業をしているときと同じ状態をつくります。

ステップ6

指定時刻になると、OSの通知機能を使って通知されます。画面左側の「ダイレクトメッセージ」→「Slackbot」をクリックします。

OSからの通知

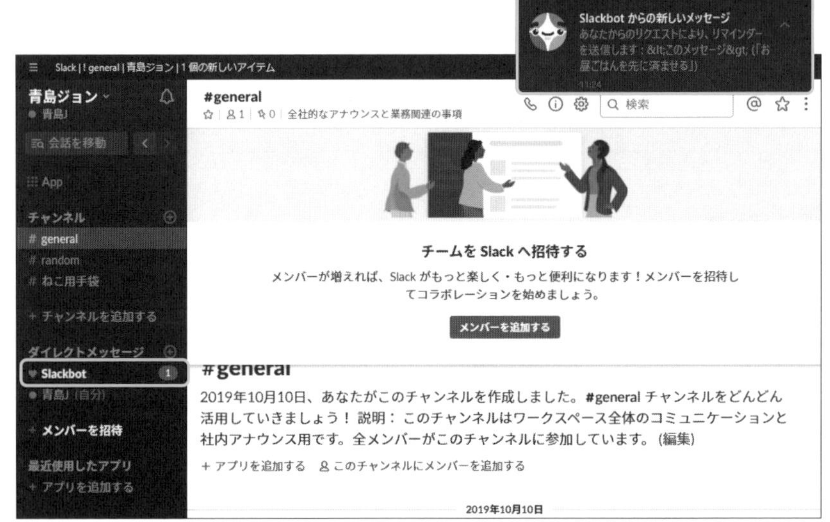

表示されている数字は、未読メッセージの件数を表します。

ステップ7

Slackbotから、リマインダーの通知の詳細がメッセージとして表示されていることを確かめます。

A「完了にする」：このリマインダーを「完了」に設定して、用件が済んだものとします。

B「削除」：このリマインダー項目を削除します。用件そのものがなくなったときや、通知の必要がなくなったときに使います。

C「スヌーズ」：通知する時間を設定し直します。用件の時刻が延長になったときや、後回しにしたいときに使います。

ステップ8

「完了にする」ボタンをクリックします。するとメッセージに打ち消し線が加えられ、用件が済んだことを表示します。

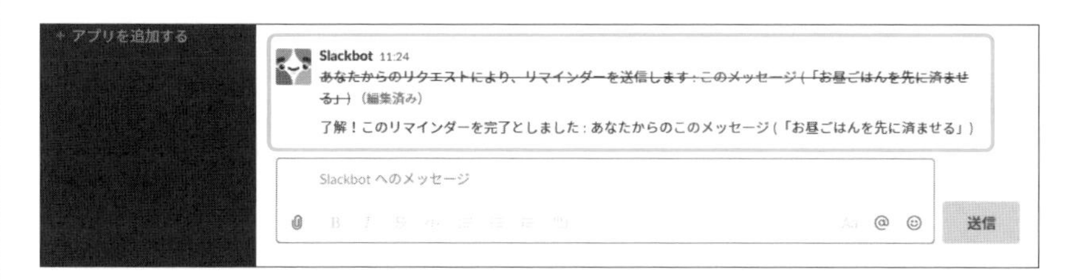

2-10-3 モバイル端末でリマインダーを使う

iPhone Android リマインダーを使う手順は次のとおりです。

ステップ1

リマインダーに登録したい内容をメッセージとして送信します。

または、履歴をたどるなどして、リマインダーに登録したいメッセージを探します。登録するメッセージはいつ送信されたものでもかまいません。

なお、パブリックチャンネルなどに送信すると他人にメッセージが送られてしまうので注意してください。

ステップ2

メッセージを長押しします。メニューが開いたら、iPhoneでは「リマインダーを設定」、Androidでは「リマインダーを設定する」をタップします。

端末の種類などによっては、メニューの画面を上へスワイプする必要があります。

ステップ3

時間を指定するメニューが開いたら、いずれかをタップします。登録を確認するメッセージがSlackbotから届きます。

Slackbotとは、Slack自体に組み込まれている自動応答機能です（詳細はP.121「2-11 Slackbotを使う」を参照）。なお、もしもこのリマインダーが設定時刻の前に不要になったら、履歴をスクロールしてこのメッセージを探し、「削除」をタップします。

ステップ4

ホーム画面へ切り替えてSlackアプリを閉じます。

別の作業をしているときと同じ状態をつくります。または、Slackアプリを開いたまま別のチャンネルなどを選んでも同じです。

ステップ5

指定時刻になると、OSの通知機能を使って通知されます。左サイドバーを開き、「Slackbot」をタップします。

「Slackbot」の行にある数字は、未読メッセージの件数を表します。未読のメッセージがあると、「未読」に分類されることにも注目してください。なお、OSの通知表示をタップすると、直接そのダイレクトメッセージやチャンネルを開きます。

ステップ6

Slackbotから、リマインダーの通知の詳細がメッセージとして表示されていることを確かめます。

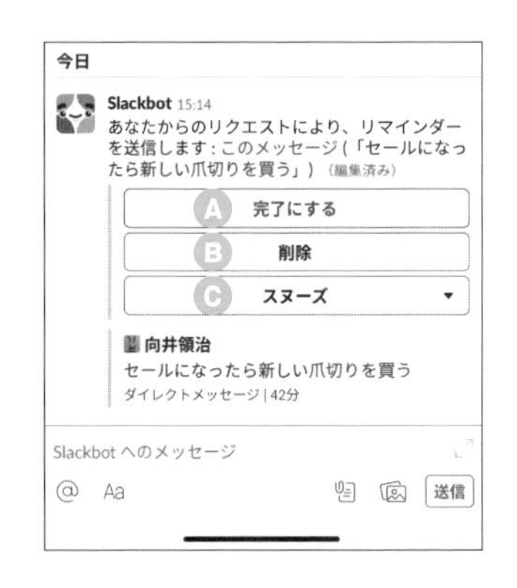

A「完了にする」：このリマインダーを「完了」に設定して、用件が済んだものとします。

B「削除」：このリマインダー項目を削除します。用件そのものがなくなったときや、通知の必要がなくなったときに使います。

C「スヌーズ」：通知する時間を設定し直します。用件の時刻が延長になったときや、後回しにしたいときに使います。

ステップ7

「完了にする」ボタンをタップします。するとメッセージに打ち消し線が加えられ、用件が済んだことを表示します。

2-10-4 リマインダーのリストを表示する

All 設定中のリマインダーのリストを表示するには、2つの方法があります。

- 設定時にSlackbotから送られたメッセージにある「リマインダーを表示する」ボタンをクリックします。ただし、必要に応じて履歴をさかのぼる必要があります。
- 「/remind list」というメッセージを送信します。

■リマインダーのリストを表示する

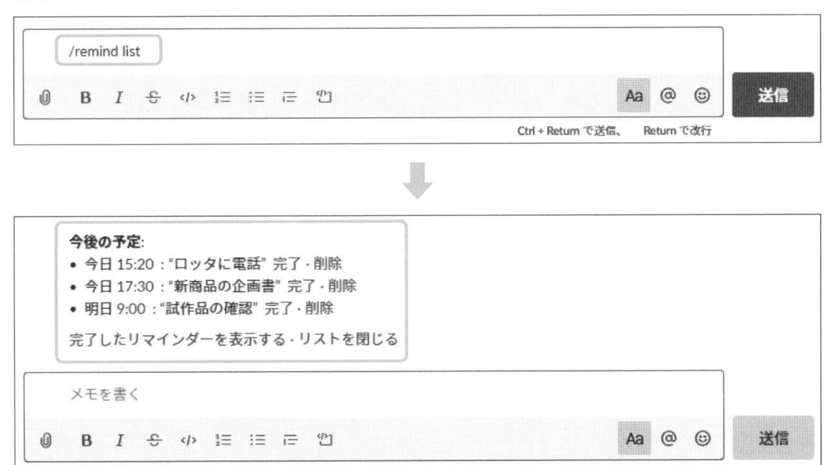

2-10-5 リマインダーの送信先

とくに送信先を指定しなければ、リマインダーは自分だけに通知されます。このため、チームのメンバーが参加するチャンネルでリマインダーを設定しても、通知されるのは自分だけです。このような場合、通知のメッセージには「あなただけに表示されています」との表示が添えられます。

自分だけに通知されるということは、どこで設定してもよいともいえます。たとえば、全員が参加するチャンネルでリーダーが全員に関係する用件を指示した場合に、そのメッセージをリマインダーに登録しても、全員に通知が届いてしまうことはありません。メッセージをコピーしたり、自分宛のダイレクトメッセージへ移ったりする必要がないので、スムーズに登録できます。

場合によっては、自分で内容を入力する用件には別のアプリを使い、Slackで受け取った用件にはSlackを使うと決めるなどしてもよいでしょう。

■他人のメッセージをリマインダーに登録する

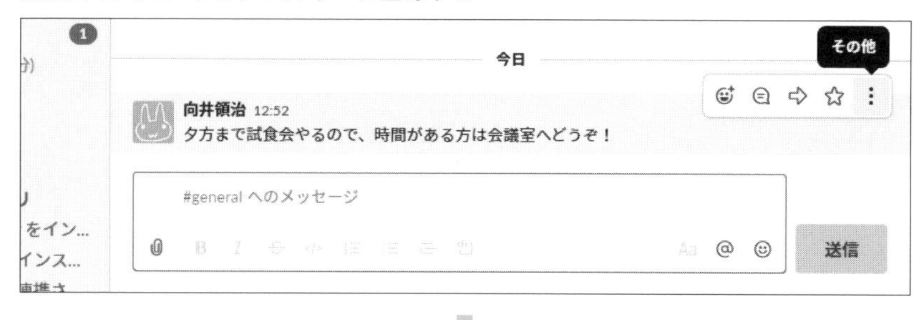

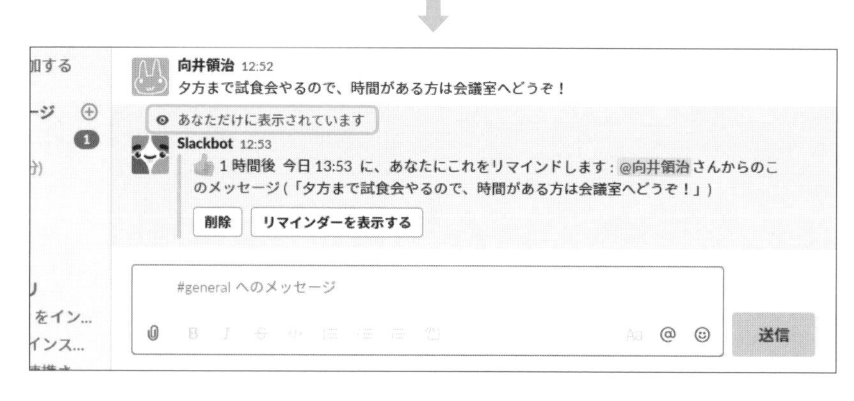

● NOTE　スラッシュコマンドを使ってリマインダーを設定すると、リマインダーの通知をほかのメンバーや、チャンネルに参加する全員に対して通知を送ることができます。乱用しないよう注意してください。

2-11 Slackbotを使う

Slackbotとは、Slackに組み込まれている自動応答機能で、Slackで動くロボットとイメージしてください。普段はユーザーから何か操作することはありませんが、ヘルプ検索に使えることだけ知っておきましょう。

2-11-1 Slackbotとは

All パソコンの画面の左側や、モバイル端末の左サイドバーを見ると、「ダイレクトメッセージ」の中には、自分の名前と並んで「Slackbot」があります。

Slackbotとは、Slackに組み込まれていて、さまざまな手助けをしてくれる自動応答機能です。ここでいうbotとは簡単にいえばロボットのことですので、Slackbotは「Slackの中で動くロボット」という意味です。たとえばP.112「2-10 リマインダーを使う」では、リマインダーを設定すると、通知してくれたのはSlackbotでした。

■Slackbot(PC版)

■Slackbot(モバイル版)

Slackbotは、何も設定をしなくても初めから用意されています。また、「ダイレクトメッセージ」のカテゴリーにあるとおり、参加者と同じように扱われています。なお、Slackbotを使わないように設定することはできません。

● NOTE 「Slackbot」という名前は、利用者が独自に開発するSlack用の自動応答機能を指すこともあります。ややこしくなりますが、「初めから組み込まれているSlackbotは、Slack社が開発する、Slackbotの一種」となります。本書では扱いませんが、大きな組織で使う方は名称に注意してください。

2-11-2 ヘルプデスクとして使う

All Slackbotの重要な役割は、ヘルプの検索です。Slackbotに対して通常のメッセージを送ると、Slackのヘルプを検索して結果を表示します。青い文字には、Slack公式サイトへのリンクが設定されていて、詳細な説明を読むことができます。

たとえば次の図は、「リマインダー」とだけ書いたメッセージをSlackbotへ送信して、リマインダーに関するヘルプを検索したところです。

■Slackbotへの通常メッセージはヘルプ検索

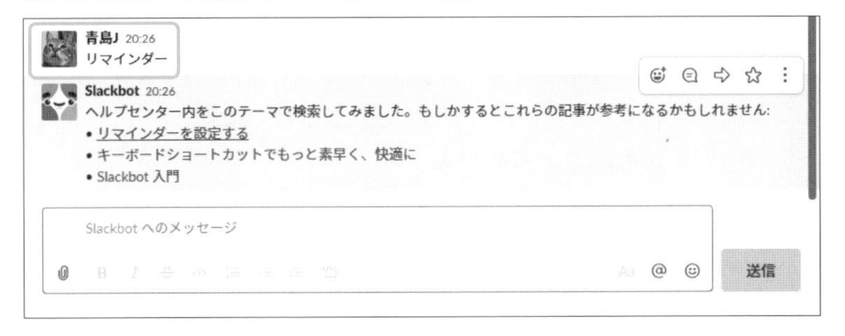

リンクをクリック

● NOTE　リマインダーなどの通知や、ヘルプデスクとして働くほかに、「特定のメッセージを受け取ったら、特定の返答を返す」機能を設定できます。これはワークスペースのカスタマイズとして設定します。たとえば「弊社」とだけメッセージを送ると、自社の住所を返すなどの使い方ができます（詳細はP.210「3-8 Slackbotに特定の語句に対する返信を登録する」を参照）。

2-12 画面の色づかいを変える

アプリの色づかいは「テーマ」としてカスタマイズできます。いくつかのプリセットを切り替えられるだけでなく、オリジナルの設定も可能です。設定できるのはパソコンだけですが、一部の設定はモバイル端末にも受け継がれます。ほかのユーザーには影響しないので、好みで変更してください。

2-12-1 パソコンで色づかいを変える

Windows Mac アプリの色づかいを変える手順は次のとおりです。

ステップ1

ワークスペース名をクリックし、メニューが開いたら「環境設定」を選びます。

ステップ2

左側のカテゴリー一覧から「テーマ」を選びます。

ステップ3

「テーマ」は、仕切りの右側の色づかいのことです。「ライト」と「ダーク」のどちらかを選びます。この設定はすべてのワークスペースで共通です。

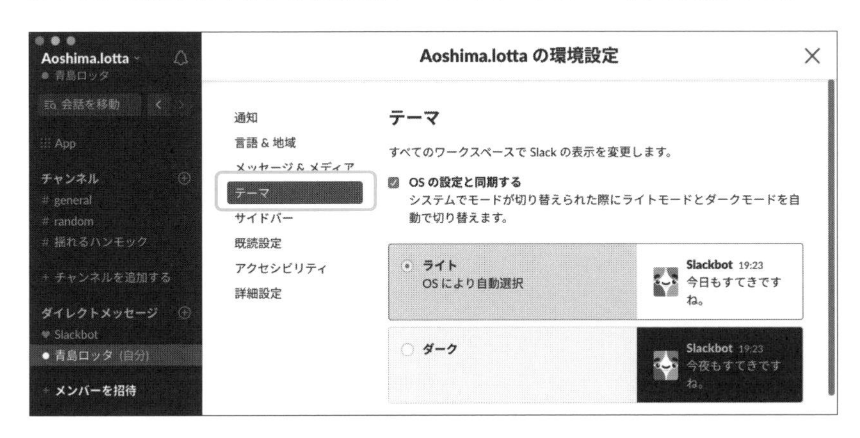

Mac Macのみ、「OSの設定と同期する」オプションがあります。これはmacOSの「ライトモード／ダークモード」の切り替えに従う設定です。Slackアプリのみで有効な設定を行うには、これをオフにしてから操作します。

ステップ4

下へスクロールして「サイドバーのテーマ」の見出しを探し、好みで切り替えます。これは仕切りの左側の色づかいのことです。この設定は、いま開いているワークスペースのみで有効で、変更するとすぐに反映されます。

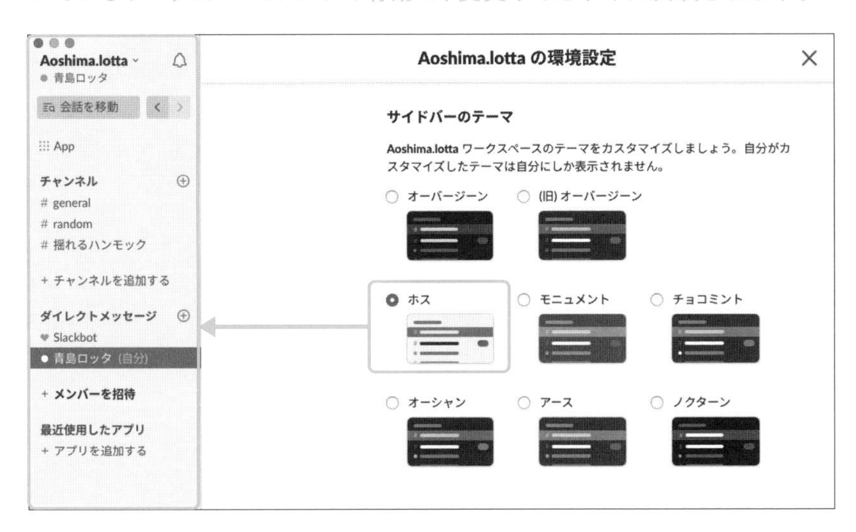

ステップ5

設定を終えたら、画面右上にある☒をクリックするか、Escキーを押します。

2-12-2 オリジナルの色づかいを設定する

Windows Mac 全体の色づかいをさらに細かくカスタマイズし、オリジナルの色づかいを設定できます。組織のシンボルカラーが決まっているような場合に設定するとよいでしょう。設定できるのは自分の画面だけですが、設定内容をメンバーに配布することもできます。

オリジナルの色づかいを設定するには、環境設定の「テーマ」の末尾にある「テーマをカスタマイズして他のメンバーと共有する」をクリックします。すると、現在選択されているサイドバーのテーマの詳細な設定が表示されるので、好みの色を設定できるようになります。

■オリジナルの色づかいを設定する「カスタムテーマ」

ほかのユーザーにも同じ色づかいを配るには、「コピー」ボタンをクリックして、文字列をメッセージなどで配布します。受け取ったユーザーはその文字列をコピーし、同じ環境設定を開き、「コピー」ボタンの上の欄の文字列をいったん削除してからペーストします。

2-13 ワークスペースの管理

ほかのメンバーを呼び入れるには、
ワークスペースにさまざまな設定をする必要があります。
この操作は、SlackのアプリではなくWeb専用のWebページで行います。
今後何度も必要になるので、節を設けて手順を紹介します。
なお、ページに表示される内容は、権限によって異なります。

2-13-1 パソコンからワークスペース管理のWebを開く

Windows Mac ワークスペースの管理ページを開く手順は次のとおりです。

ステップ1

ワークスペース名をクリックし、メニューが開いたら「その他管理項目」→「ワークスペースの設定」を選びます。

ステップ2

Webブラウザへ切り替わり、いまのワークスペースに関する「設定と権限」のWebページを開きます。

設定項目は大きく4つのタブに分かれています。

ステップ3

画面上端にある家のアイコンをクリックすると、ワークスペース管理の基本画面へ移ります。

ページの中のメニューに「設定と権限」が表示されているので、「設定と権限」は1つ深い階層にあったことがわかります。

以後本書ではこのページを「ワークスペース管理のWebページ」と呼びます。Webブラウザにブックマークすることをおすすめします。

ステップ4

画面左上にある「Menu」をクリックすると、ワークスペース管理の詳細メニューが開きます。

普段はあまり使わないコマンドは、このメニューの中にあります。

2-13-2 モバイル端末からワークスペース管理のWebを開く

iPhone Android ワークスペースの管理ページを開く手順は次のとおりです。

ステップ1

Webブラウザを開き、「my.slack.com」へアクセスします。

モバイル端末のSlackアプリからは、参加しているワークスペース管理のWebページへアクセスすることはできません。

ステップ2

ページ下端にある「アカウントとワークスペースの設定を表示する」をタップします。

もしも図のような表示にならないときは、いずれのワークスペースにもサインインしていないものと考えられます。その場合はページ右上のメニューなどを使ってサインインしてから、再度このURLへアクセスしてください。

ステップ3

ワークスペース管理の基本ページが開きます。

ワークスペースの名前はページ上端に表示されています。下位のページへ移動したときは、名前をタップすると基本ページへ戻ります。以後本書ではこのページを「ワークスペース管理のWebページ」と呼びます。Webブラウザにブックマークすることをおすすめします。

ステップ4

ページ左上にある3本線のアイコンをタップすると、ワークスペース管理の詳細メニューが開きます。

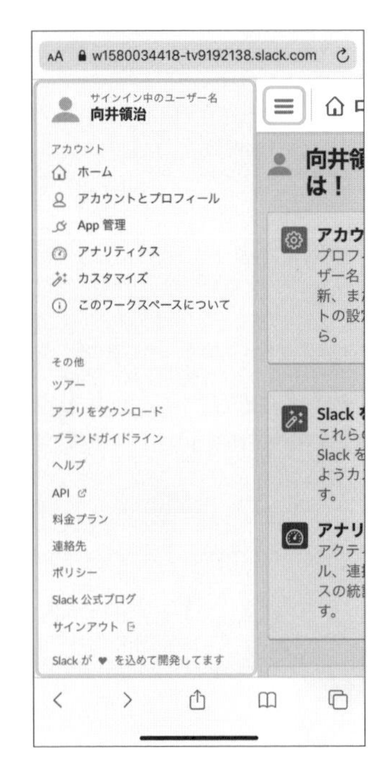

普段はあまり使わないコマンドは、このメニューの中にあります。

2-13-3 Webブラウザでワークスペースを切り替える

All 複数のワークスペースを開設したり、上位の権限を持たされる立場になると、複数のワークスペース管理のWebページを扱う必要が出てきます。

ワークスペース管理のWebページの上端にある、4つの四角形器のアイコンをクリックすると、サインイン済みのワークスペース一覧が開き、クリックして切り替えられます。まだサインインしていない場合は、「他のワークスペースにサインインする…」を選び、表示に従って操作します。Webブラウザにブックマークする場合は、もっともよく使うワークスペースの管理ページだけを登録すれば十分でしょう。

Windows Mac ワークスペース管理のWebページで対象のワークスペースを切り替える

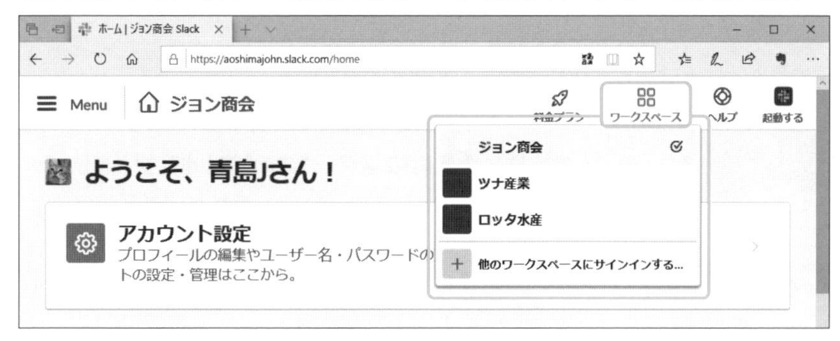

iPhone Android ワークスペース管理のWebページで対象のワークスペースを切り替える

2-14 ワークスペースのアイコン、名前、ステータスのリストを変える

**ワークスペースの設定を変える操作の例として、
アイコンと名前を変える手順を紹介します。
ほかのワークスペースと区別しやすいものを設定しましょう。
また、チームの特性に合うようにステータスのリストを変更しましょう。**

2-14-1 ワークスペースのアイコンを変える

All ワークスペースのアイコンを変えてみましょう。パソコンとモバイル端末ではWebページのデザインが異なりますが、内容や手順はほぼ同じです。

ステップ1

アイコンに使う画像ファイルを用意します。

サイズは縦横132ピクセル以上で、角丸にするための余裕があると理想的です。

NOTE　アイコンのデザインは、単純で特徴的なものが理想的です。デフォルトでもワークスペース名の先頭の文字から自動的にアイコンが作られますが、複数のワークスペースへ参加するユーザーにとってワークスペースを区別するのに役立つので、少なくともデフォルトからは変更することをおすすめします。

ステップ2

Webブラウザへ切り替えてワークスペース管理のWebページを開き、「設定と権限」をクリックします。

ステップ3

「設定」タブを下へスクロールし、「ワークスペースのアイコン」の項目を探し、「ワークスペースのアイコンを設定...」をクリックします。

ステップ4

「新しいアイコンをアップロード」の見出しを探し、パソコンでは「参照...」、モバイル端末では「ファイルを選択」ボタンをクリックしてから、「アイコンをアップロード」をクリックします。

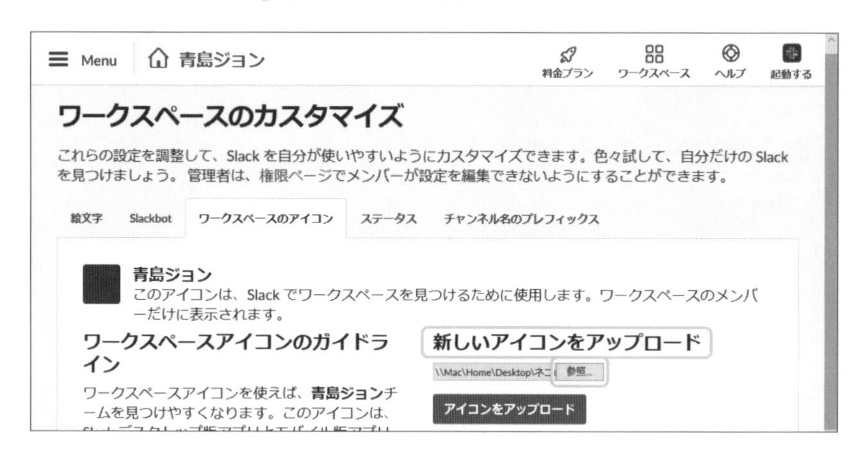

モバイル端末では、その場で写真を撮影することもできます。

ステップ5

「ワークスペースアイコンの編集」画面へ移ったら、切り抜く範囲を指定してから、「アイコンを切り取り」ボタンをクリックします。

切り抜く必要がない場合は、何もせずに「アイコンを切り取り」をクリックして進みます。

ステップ6

設定が完了すると、「ワークスペースのアイコンが更新されました」とメッセージが表示されます。

少し時間がかかることがあります。10～15秒程度は待ってみてください。

ステップ7

Slackアプリを開き、アイコンが更新されたことを確かめます。

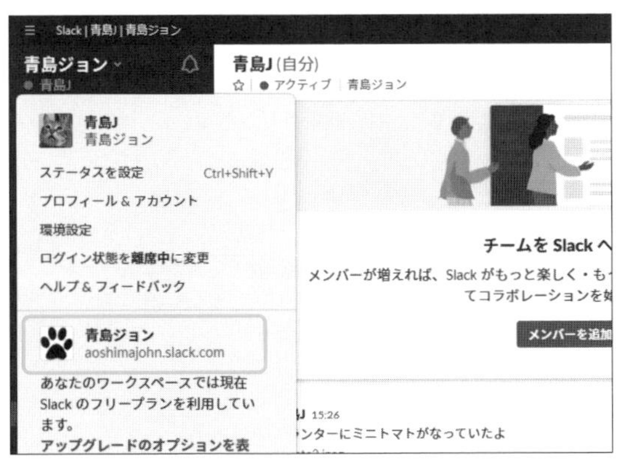

アイコンはすぐに更新されます。パソコンではワークスペース名をクリックして表示されるメニューで、モバイル端末では左サイドバーからワークスペース一覧の画面を開いて、確認できます。iPhoneでアイコンが更新されないときは、アプリを強制終了して再起動してみてください。

2-14-2 ワークスペースの名前を変える

All ワークスペースの名前を変える手順は次のとおりです。アイコンを変えるときと同じページですので、途中までの操作は省略します。

ステップ1

Webブラウザへ切り替えるなどして「設定と権限」のページを開きます。詳細は前項を参照してください。

前項から続けて操作している場合は、ページ左上にある3本線のアイコンをクリックし、メニューが開いたら「設定と権限」を選びます。

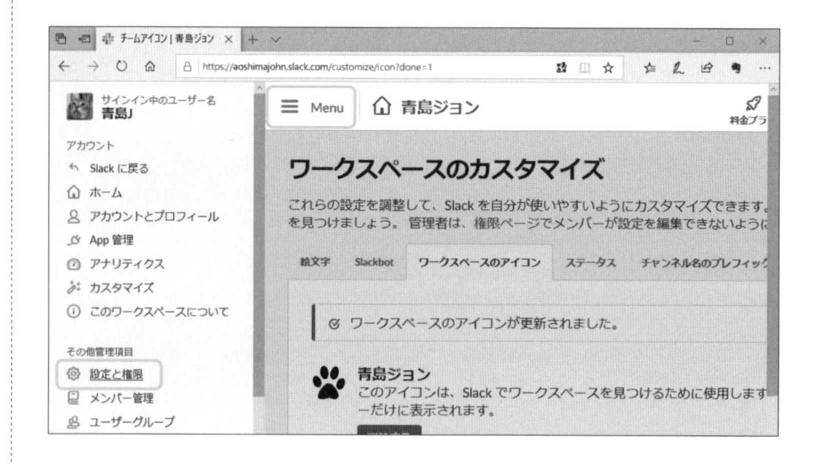

ステップ2

「設定」タブを下へスクロールし、「ワークスペース名とURL」の項目を探し、「ワークスペース名やURLを変更する」をクリックします。

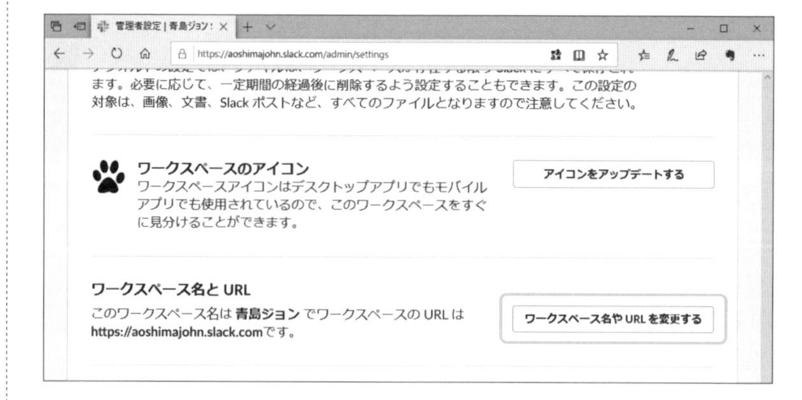

ステップ3

「ワークスペース名を変更する」画面へ移ったら、必要に応じて枠内を書き換え、「変更を保存する」をクリックします。

ステップ4

設定が完了すると、「変更が保存されました」とメッセージが表示されます。

ステップ5

ワークスペース名が変更されたことを確かめます。

ワークスペース名はすぐに更新されます。パソコンとAndroidでは画面左上の表示で、iPhoneでは左サイドバーからワークスペース一覧の画面を開いて、確認できます。iPhoneで名前が更新されないときは、アプリを強制終了して再起動してみてください。

2-14-3 ステータスのリストを変更する

All ワークスペースの設定を変える例として、ステータスを設定するときに、一覧から選べる項目の内容を変更してみましょう（ステータスについてはP.67「2-3 自分のステータスを設定する」を参照）。

ステータスでは、絵文字と語句の組み合わせがデフォルトで5種類用意されています。これはチームの特性に合わせてワークスペースごとにカスタマイズできますが、メンバー全員が同じ設定を使う点に注意してください。このため、自分だけの都合ではなく、チーム全体でよく使うものを検討する必要があります。たとえば業務として多くのメンバーが倉庫で作業することが多いのであれば、「倉庫」という項目があれば手間が省けて使う人も増えるでしょう。

ステータスのリストをカスタマイズする手順は次のとおりです。

ステップ1

Webブラウザへ切り替えてワークスペース管理のWebページを開き、下へスクロールして「Slackをカスタマイズ」をクリックします。

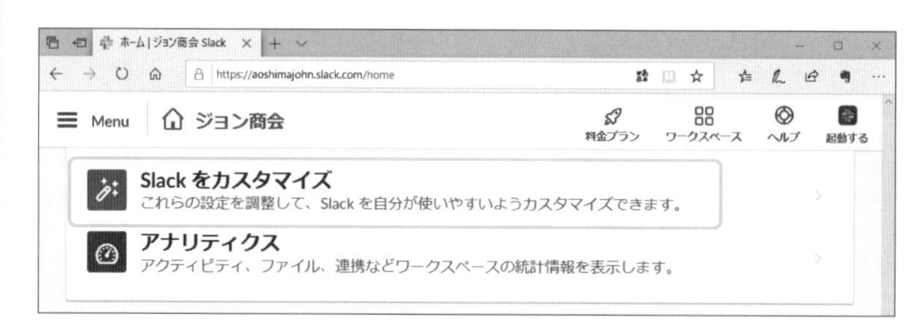

ステップ2

「ワークスペースのカスタマイズ」が開いたら、「ステータス」をクリックします。

ステップ3

表示に従ってそれぞれの項目を変更します。

Ⓐ クリックして絵文字を変更します。

Ⓑ 語句を変更します。

Ⓒ **「デフォルトの削除予定時刻」**：ステータスを自動的に削除する時刻を指定します。

ステップ4

設定を変更したら「保存」をクリックします。

ステップ5

アプリでステータスを変更して、変更した項目が表示されることを確かめます。

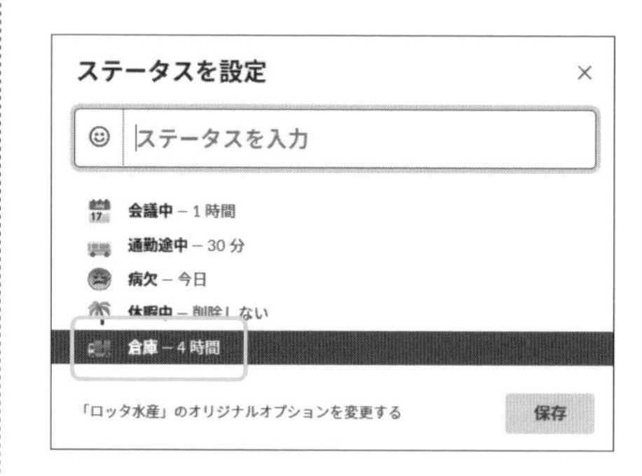

チームのメンバーに参加してもらおう

チームのメンバーに参加してもらうようになると、ワークスペースの追加やメンバーの管理が必要になります。招待や権限の設定にも注意しましょう。ワークスペースをカスタマイズして、カスタム絵文字やSlackbot返信も使ってみましょう。

3-1 ワークスペース、チャンネル、メンバー種別

チームのメンバーとコミュニケーションを取るには、そのための場所、つまりワークスペースを用意する必要があります。その準備として、ここであらためてワークスペースとチャンネルについて紹介します。あわせて、実行できる機能に応じたメンバー種別を知っておきましょう。

3-1-1 ワークスペースとは

Slackの「ワークスペース」とは、特定のメンバーに参加してもらい、そのメンバー間でコミュニケーションを取ってプロジェクトを進めていくための場所です。たとえていえば、ネット上にあるさまざまなコミュニケーションサービスのなかで、Slackという大きなビジネスビルのなかに1室を借りるイメージです。

Slackのワークスペースを使うには、Slackのユーザーとして登録する必要があります。このときにメールアドレスが必要です。

他人が作成した既存のワークスペースへ参加するには、すでに参加しているメンバーから招待してもらう必要があります。このため、無関係のユーザーが勝手に参加してきたり、第三者にワークスペース内でのやりとりを見られることはない仕組みになっています。

■「ワークスペース」

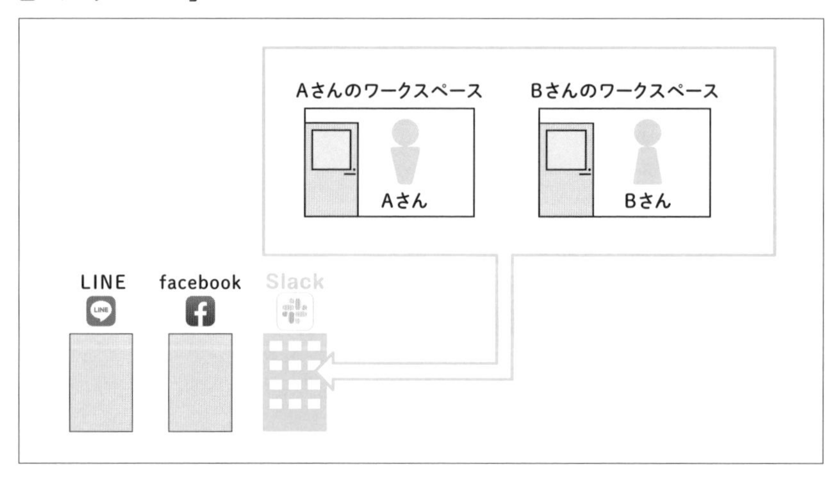

1人のユーザーは、複数のワークスペースへ参加できます。たとえば、勤務している会社、お得意先、地元のスポーツチームなど、まったく異なるワークスペースへ参加し、切り替えて利用できます。

複数のワークスペースへ参加するときのメールアドレスは、同じものであればサインインの手順が簡単になりますが、異なるものであってもかまいません。よって、社内と社外、仕事と趣味でアドレスを使い分けているような場合でも対応できます。アイコンや表示名もそれぞれに登録できるので、組織ごとで呼び名が異なる場合や、ペンネームを使うような場合でも、使い分けができます。

■複数のワークスペースへ異なるメールアドレスを使って参加できる

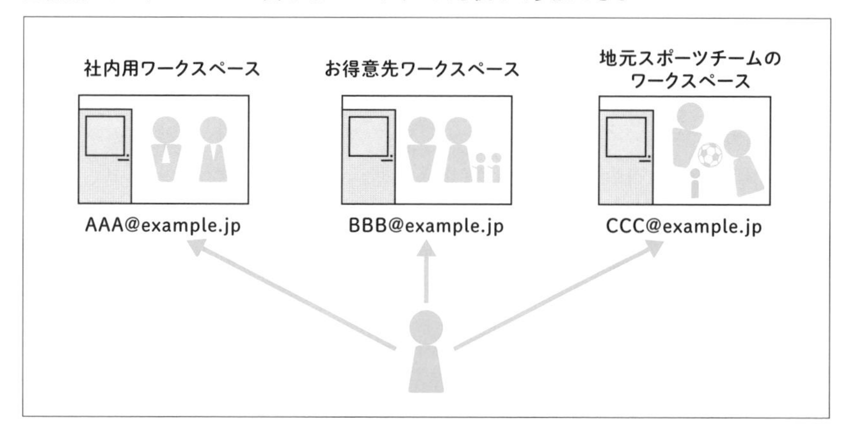

3-1-2 チャンネルとは

1つのワークスペースの中で、テーマやプロジェクトなどで区切ってやりとりする場を「チャンネル」と呼びます。

個別のチャンネルの名前は自由に決められますし、日本語も使えます。チャンネルを指すときは先頭に「#」を付けて、「#商品企画」のように表します。

ワークスペースを作ると、はじめに「#general」と「#random」という2つのチャンネルが必ず作られます。さらに、ユーザーが名前を付けたチャンネルが1つ作られます。

チャンネルの数に制限はありません。デフォルトでは、参加メンバーは自由にチャンネルを作成・削除できます。ただし、上位の権限を持つメンバーが制限することもできます（メンバーの権限についてはP.148「3-1-4 メンバー種別」を参照）。

チャンネルの作成者が他のメンバーに参加するよう依頼することを「招待」、チャンネルのメンバーを自分からやめることを「退出」と呼びます。

チャンネルには大きく分けて、「パブリックチャンネル」と「プライベートチャンネル」の2種類があります。

パブリックチャンネル

ワークスペースへ参加するメンバーの全員が、自由に参加・退出できるチャンネルを「パブリックチャンネル」と呼びます。たとえていえば、ワークスペースの中に設置されたオープンなロビーのイメージです。

パブリックチャンネルは、メンバーとして招待されなくても、ワークスペース内の誰もが自分の操作だけで参加できます。

ワークスペースを作成すると自動的に作られる「#general」および「#random」チャンネルは、ともにパブリックチャンネルであり、デフォルトでは新しいメンバーは自動的に参加するように設定されています。

■パブリックチャンネル

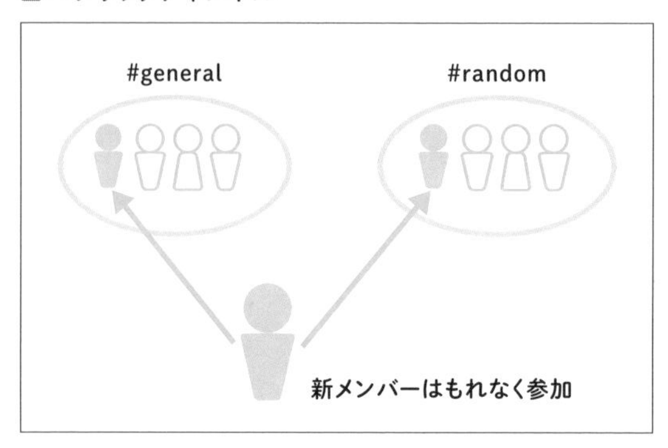

なかでも「#general」チャンネルは特別なもので、削除できません。また、全員参加が必須であり、メンバーは退出できません。

よって、とくに大人数のワークスペースでは必要に応じてチャンネルを作成し、日常的なやりとりはそちらで行うことにして、「#general」チャンネルはおもに重要事項の一斉送信として使うのが理想的です。「#general」チャンネルで多くのやりとりを行っていると、いざ重要な連絡があっても日常的なメッセージに埋もれてしまうおそれがあるからです。

一方「#random」チャンネルは、「チームが本来やるべきこと以外」の目的に使う、雑談用として作られています。「#general」チャンネルを使うほどではない話題に使うとよいでしょう。なお、メンバーは退出できますし、チャンネルの削除も可能です。

「#general」と「#random」チャンネルの名前はどちらも変更できます。ただし、Slackユーザーであれば少なくとも「#general」の名前はほとんどの方が知っていることでしょうから、とくに必要がない限りは変えないほうがよいでしょう。

プライベートチャンネル

招待されたメンバーだけが参加できるチャンネルを「プライベートチャンネル」と呼びます。パブリックチャンネルをオープンなロビーとすれば、プライベートチャンネルは会員制の会議室のイメージです。

ワークスペースへ参加していても、そのチャンネルへ招待されていないメンバーは、プライベートチャンネルの中でのやりとりを見ることはできませんし、チャンネルが存在すること自体もわかりません。

■プライベートチャンネル

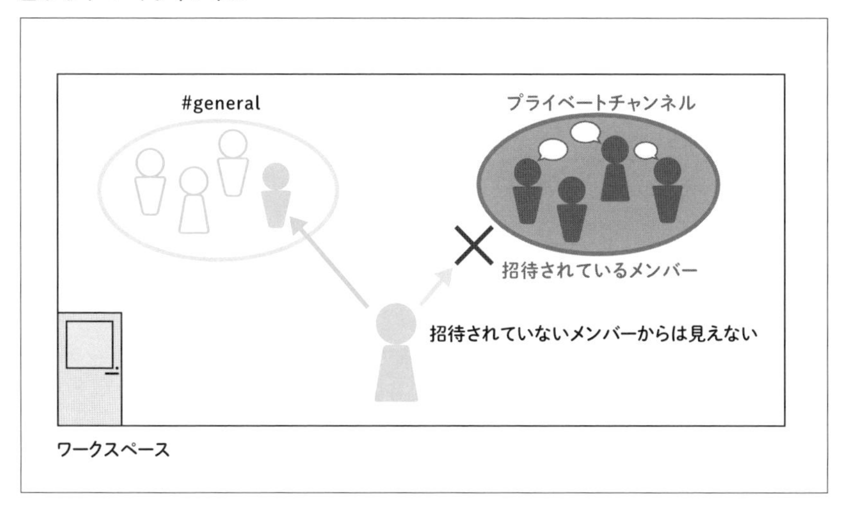

それぞれのプライベートチャンネルに参加するメンバーは、作成者が自由に決められます。ただし、いったん退出すると、権限がある場合を除き、再び招待してもらう必要があります。

パブリックチャンネルとプライベートチャンネルの設定は、チャンネルの作成時に指定できます。ただし、パブリックチャンネルをプライベートチャンネルへ変更することはできますが、その逆はできません。

● NOTE　「パブリック」と「プライベート」のほかに、複数のワークスペースで1つのチャンネルを共有する「共有チャンネル」、Enterprise Gridのみで利用できる「マルチワークスペースチャンネル」があります。いずれも無料プランでは利用できないため、本書では扱いません。

3-1-3 ワークスペースとチャンネルの使い分け

新しいプロジェクトを始めるときは、新しいワークスペースを作るべきか、既存のワークスペースに新しいチャンネルを作るべきか、よく検討してください。

新しいワークスペースを作ると、メンバーの招待から始める必要があります。すでに組織としてのワークスペースがあり、組織の中のプロジェクトを始めるのであれば、ワークスペースから作り直すよりもチャンネルを追加するほうがよいでしょう。特定のメンバーだけで始めたい場合は、プライベートチャンネルを作ります。

プロジェクトに組織外のメンバーを参加させる場合や、複数の組織のメンバーから構成される場合は、さまざまな方法が考えられます。

無料プランの範囲で対応するには、新しいワークスペースを作るか、既存のワークスペースに招待します。ただし後者の場合、「#general」チャンネルでのやりとりも閲覧されることになります。このため、既存メンバーとのやりとりに配慮する必要があるでしょう。

このような使い分けについては、公式サイトなどの事例紹介をヒントにするとよいでしょう。

● NOTE　有料プランを契約すると、特定のチャンネルのみにアクセスできる「ゲスト」の権限を設定できるようになります。社内用のワークスペースへ外注先のメンバーを招待し、参加をプロジェクト専用のチャンネルだけに限りたいようなときに便利です。ゲストは「#general」チャンネルへの参加も必須ではありません。

3-1-4 メンバー種別

ワークスペースのメンバーには、実行できる機能に応じた「メンバー種別」があります。それぞれの種別でできることは次の表のとおりです。

■メンバー種別

種別	オーナーの任命	管理者の任命	新しいメンバーの招待	新しいチャンネルの作成
プライマリーオーナー	○	○	○	○
オーナー	×	○	○	○
管理者	×	×	○	○（制限可能）
通常メンバー	×	×	○（制限可能）	○（制限可能）

● NOTE　これらのほかに、特定のチャンネルのみにアクセスできる「ゲスト」があります。ゲストには2種類あり、指定した1つのチャンネルのみにアクセスできる「シングルチャンネルゲスト」と、指定した複数のチャンネルへアクセスできる「マルチチャンネルゲスト」があります。また、ともに自動的に「#general」チャンネルへ追加されることはありません。大規模な組織で一時的に組織外のユーザーと一緒にプロジェクトを進めるときに便利なものですが、無料プランでは設定できないため、本書では扱いません。

「プライマリーオーナー」は、デフォルトではワークスペースを作成したユーザーです。この権限を持つのは1人だけですが、別のメンバーへ引きつぐことができます。なお、プライマリーオーナーは必要ですが、オーナーと管理者は必ずしも任命しなくてもかまいません。

メンバー種別の違いには、ポイントが2つあります。「新しいメンバーを招待すること」と「新しいチャンネルを作ること」です。デフォルトでは、ゲストを除く参加者全員が両方とも可能です。ただしこれは、上位の権限を持つメンバーが知らない間に、新しいメンバーが参加したり、チャンネルが追加されたりする可能性がある状態ともいえます。

この設定は、一定以上の権限を持つメンバーのみに制限するように変更できます。設定を変えると、新しいメンバーの招待には上位の権限を持つメンバーの承認を必要としたり、チャンネルの作成を上位の権限を持つメンバーに限定できます。

メンバーの種別は、より上位の権限を持つメンバーがいつでも変更できます。また、参加しているメンバーのアカウントを停止することもできます。これらの手順はP.185「3-5 メンバーを管理する」で紹介します。

これらのことを踏まえて、誰にどのような権限を設定するか、組織の形態によって判断してください。

3-2 ワークスペースを追加作成する

ここまで練習に使ってきた自分専用のワークスペースとは別に、チームのメンバーを招待してコミュニケーションを取るためのワークスペースを新しく作ります。複数のワークスペースを使い分けたり、削除することも意識しておきましょう。

3-2-1 パソコンでワークスペースを追加する

Windows Mac ワークスペースを追加作成する手順は次のとおりです。ほとんどの手順は最初の登録と同じですので、詳細は省略します。

ステップ1

Webブラウザを開き「slack.com/create」へアクセスします。「あなたのメールアドレス」欄に入力して、「次へ」をクリックします。

登録するアドレスは、すでに使っているものでも、これまでSlackでは使っていなかったものでもかまいません。

ステップ2

入力したアドレスへ「slack.com」ドメインからメールが送られます。受信箱を確かめて、記載されている確認コードをWebブラウザへ入力します。

ステップ3

チームの種別を選び、「次へ」をクリックします。

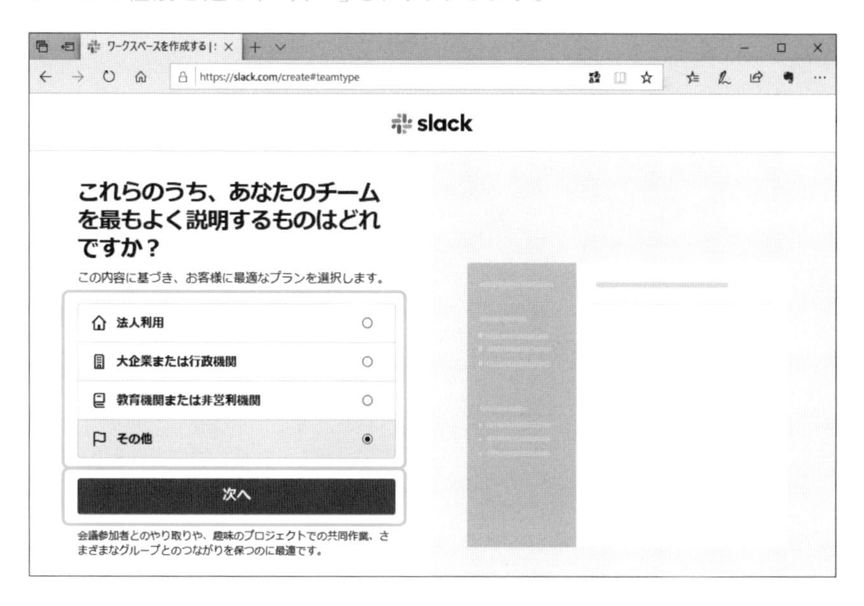

ここでは「その他」を選んだものとします。

ステップ4

チーム名を入力して、「次へ」をクリックします。

ステップ5

プロジェクト名を入力して、「次へ」をクリックします。

ステップ6

招待メールを送るアドレスを登録できますが、ここでは「後で」をクリックします。

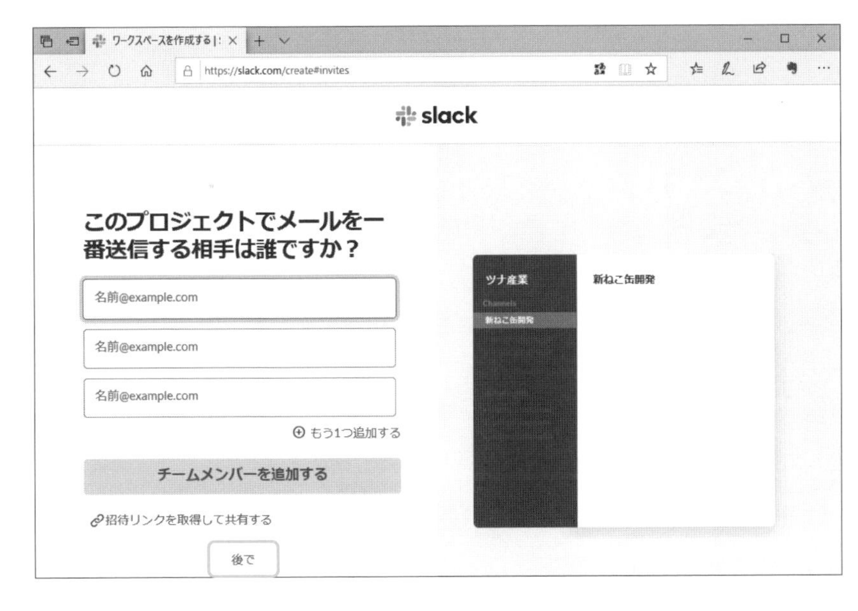

メンバーの招待はP.171「3-3 メンバーを招待する」で紹介します。

ステップ7

「設定が完了しました」と表示されたら「起動する」をクリックします。

ステップ8

Slackの基本画面と同じデザインのページが開いたら、「新規登録を終了する」をクリックします。

ステップ9

名前とパスワードを入力して、「次へ」をクリックします。

パスワードは、ワークスペースごとに異なるものを設定できます。セキュリティ対策としては、同じパスワードの使い回しは避けるべきです。

ステップ10

ワークスペース名とURLを設定して、「次へ」をクリックします。

URLにランダムな文字列が入力されている場合でも、とくに必要がなければそのままでもかまいません（後から変更する場合の手順はP.134「2-14 ワークスペースのアイコン、名前、ステータスのリストを変える」を参照）。

ステップ11

メンバーを追加する画面では、何も入力せず「完了」をクリックします。

Slack ワークスペースへメンバーを追加する

メールアドレス

これらの人宛に、Slack の「ツナ産業」ワークスペースへ参加するための招待メールを送信します。新規メンバーは、#新ねこ缶開発 チャンネルに加え、#general や #random といったデフォルトのチャンネルに自動的に追加されます。

または、招待リンクを取得して他のメンバーとシェアすることもできます。

Step 3/3　戻る　完了

ステップ12

「完了しました」と表示されたら、「さっそくSlackをスタート」をクリックします。必要に応じてプロフィールを変更してください。

これでワークスペースは作成できました。引き続き、アプリから利用できるように設定を続けましょう。

ステップ13

アプリのSlackへ切り替えて、ワークスペース名をクリックし、メニューが開いたら「他のワークスペースにサインインする」を選びます。

ステップ14

Webブラウザへ切り替わったら、画面の下のほうにある、いま作成したワークスペースの名前をクリックします。

ステップ15

Webブラウザからアプリを呼び出す確認のダイアログが表示されたら、許可します。

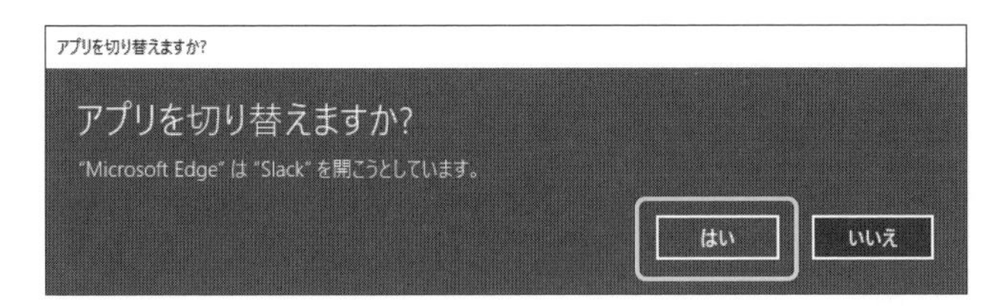

この表示やボタンの名前は、OSやWebブラウザによって異なります。

ステップ16

Slackアプリへ切り替わったら、画面左端に新しい列が追加され、ワークスペースのアイコンが並んでいることを確かめます。

複数のワークスペースへサインインすると、画面左端にその一覧が表示されます。なお、アプリからサインインできたら、Webブラウザは閉じてもかまいません。アプリでサインイン済みのワークスペースを切り替える手順は、次項「3-2-2 パソコンで複数のワークスペースを切り替える」で紹介します。

3-2-2 パソコンで複数のワークスペースを切り替える

Windows Mac アプリから複数のワークスペースへサインインすると、必要に応じていつでも切り替えできるようになります。

■ワークスペースの切り替え

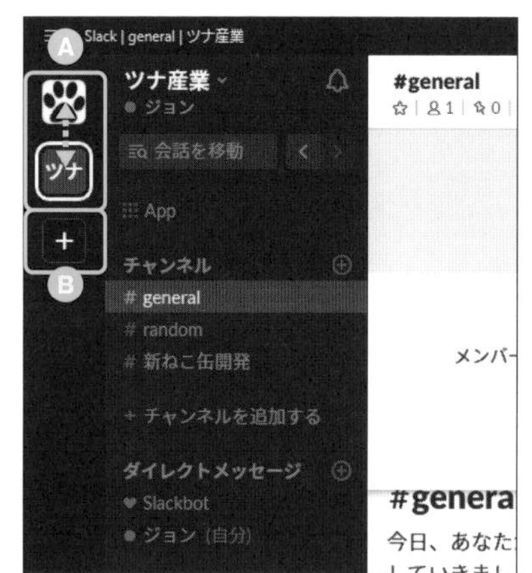

Ⓐ ワークスペースを切り替えるには、ワークスペースのアイコンをクリックします。並び順を変えるには、アイコンを上下方向にドラッグします。

Ⓑ さらに新しいワークスペースを作成したり、既存の別のワークスペースへサインインします。実際にはWebブラウザへ切り替えて必要なページを開きます。

ワークスペースを切り替えるには、次のキーボードショートカットが使えます。

- Windows Ctrl + 1 2 ……（並び順の数字）
- Mac ⌘ + 1 2 ……（並び順の数字）

たとえば、上から2番目であれば、WindowsではCtrl+2キー、Macでは⌘+2キーです。あくまでもそのときの並び順であって、それぞれのワークスペースに番号が割り振られているわけではありません。

並び順は各メンバーが個別に設定できるので、必要に応じて変更してください。自分のほかの端末や、ほかのメンバーの設定には影響しません。

● NOTE　ワークスペースごとに色づかいを変えておくと、切り替えたことがわかりやすくなるので、適宜変更することをおすすめします（手順はP.124「2-12 画面の色づかいを変える」を参照）。

3-2-3 モバイル端末でワークスペースを追加する

iPhone Android ワークスペースを追加作成する手順は次のとおりです。ほとんどの手順は最初の登録と同じですので、一部は省略します。

ステップ1

Slackアプリを開き、左サイドバーを開いて、ワークスペース一覧の画面へ移ります。

iPhone ワークスペースのアイコンをタップするか、小さく右へスワイプします。
Android 画面右上にある、4つの四角形品のアイコンをタップします。

iPhone

Android

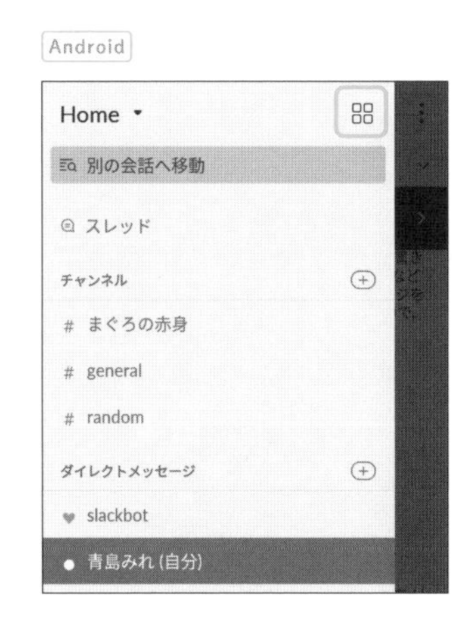

ステップ2

「ワークスペースを追加」をタップします。次に、「ワークスペースを新規作成(する)」をタップします。

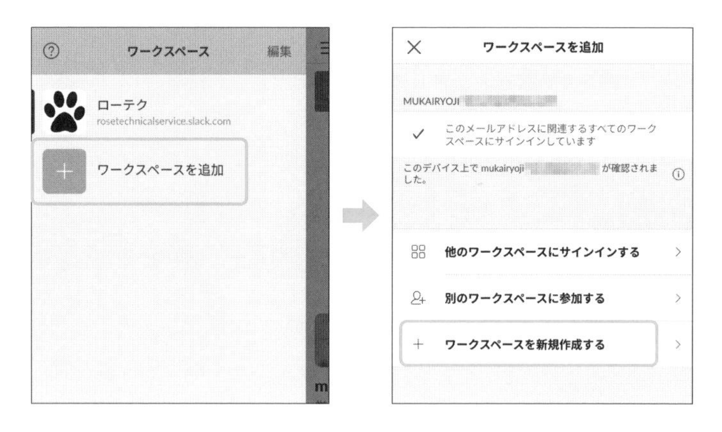

この画面には「他のワークスペースにサインインする」と「別のワークスペースに参加する」があります。前者はサインインが必要な場合(画面の上に表示されているものとは別のメールアドレスを使う場合)、後者はサインインが不要な場合(同じメールアドレスを使う場合)と思われますが、どちらを選んでも次の画面でメールアドレスを選択または新しく登録できます。

ステップ3

新規作成するワークスペースで使うメールアドレスを選ぶか、新しく入力します。

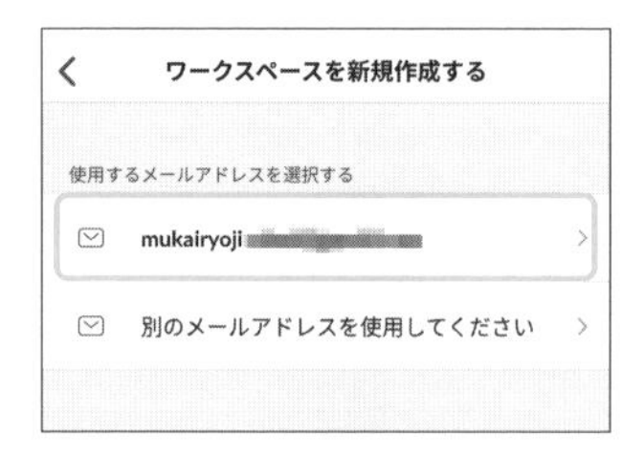

ここでは同じメールアドレスを使うことにして、画面に表示されているアドレスをタップします。別のアドレスを使う場合は「別のメールアドレスを使用してください」をタップして、画面の表示に従ってください。

ステップ4

チーム名を入力して、「次へ」をタップします。

ステップ5

プロジェクト名を入力して、「次へ」をタップします。

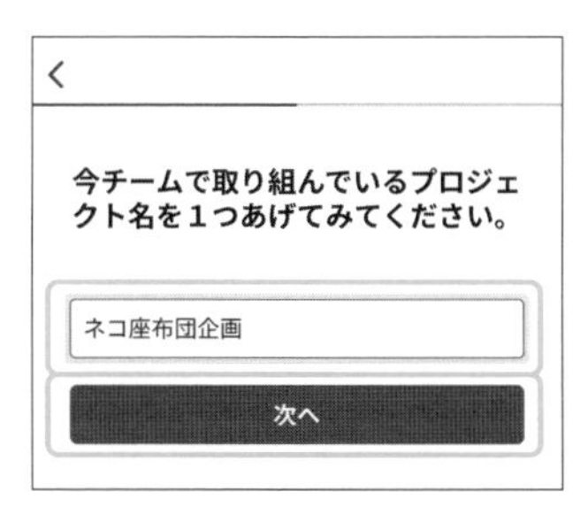

ステップ6

招待メールを送るアドレスを登録できます。招待は後から行うことにします。

iPhone 画面右上の「スキップする」をタップします。

Android ページ末尾にある「後で」をタップします。

iPhone

Android

このプロジェクトに取り組んでいるメンバーは他にいますか？
招待リンクを取得して共有する
name@example.com
name@example.com
もう1つ追加する
チームメンバーを追加する
後で

ステップ7

「Slackでチャンネルを表示する」をタップします。

ステップ8

Slackの基本画面へ移ったら、自分のプロフィールを登録しましょう。

iPhone 「新規登録を終了する」をタップします。

Android 「Slackへの新規登録を完了する」をタップします。

iPhone

Android

ステップ9

名前とパスワードを入力して、「次へ」をタップします。

パスワードは、ワークスペースごとに異なるものを設定できます。セキュリティ対策としては、同じパスワードの使い回しは避けるべきです。

ステップ10

ワークスペース名とURLを設定して、「次へ」タップします。

新規登録を終了する

チームの詳細を確認する

Slack ワークスペース名

青島ネコ玩具

社名や組織名がよく使用されています。

Slack URL

w1579840077-xfp740724.slack.com

Slack へのサインイン時にこの URL が必要になります。日本語、英数字、およびハイフンのみとなっています。

次へ

URLにランダムな文字列が入力されている場合でも、とくに必要がなければそのままでもかまいません（後から変更する場合の手順はP.134「2-14 ワークスペースのアイコン、名前、ステータスのリストを変える」を参照）。

ステップ11

メンバーを追加する画面では、何も入力せず「スキップする」をタップします。

ステップ12

「完了しました」と表示されたら、「会話を開始」をタップします。

ステップ13

いま作成したワークスペースが開きます。

いま開いているワークスペースを確認したり、サインイン済みのワークスペースを切り替える手順は、次項「3-2-4 モバイル端末でワークスペースを切り替える」で紹介します。

3-2-4 モバイル端末でワークスペースを切り替える

アプリから複数のワークスペースへサインインすると、必要に応じていつでも切り替えできるようになります。

iPhone ワークスペースを切り替えるには、左サイドバーを開き、小さく右へスワイプするかワークスペースのアイコンをタップしてワークスペース一覧を開き、目的のワークスペースのアイコンをタップします。

並び順を変えるには、一覧の画面で「編集」をタップします。この順番はこの端末だけの設定ですので、自分のほかの端末や、ほかのユーザーには影響しません。

iPhone

Ⓐ 並び順を変えるには上下にドラッグします。

Ⓑ 並び順を決定して前の画面へ戻るには「終了」をタップします。

Android 現在のワークスペース名は画面上端に表示されています。ワークスペースを切り替えるには、左サイドバーを開き、画面右上にある、4つの四角形器のアイコンをタップしてワークスペース一覧を開き、目的のワークスペースのアイコンをタップします。

並び順を変えるには、画面右上の⋮をタップし、メニューが開いたら「ワークスペースリスト...」をタップします。この順番はこの端末だけの設定ですので、自分のほかの端末や、ほかのユーザーには影響しません。

Android

Ⓐ 並び順を変えるには上下にドラッグします。

Ⓑ 並び順を決定して前の画面へ戻るには←をタップします。

3-2-5 ワークスペースを削除する

All ワークスペースを作成する手順とあわせて、削除する手順を紹介します。ワークスペースが不要になったら放置せず、速やかに削除しましょう。データを残したままにしていると、将来どのような出来事があるかわかりません。

ワークスペースを削除する手順は次のとおりです。なお、ワークスペースを削除できるのは、プライマリオーナーだけです。また、ここでは手順を続けて紹介しますが、必要に応じて周知する期間をあけて実行するほうがよいでしょう。

ステップ1

ワークスペースを削除することを周知します。

「#general」チャンネルは全員が参加しているので、そこへメッセージを送るのがよいでしょう。期限を示して、必要なメッセージやファイルがあれば保存するように促しましょう。

ステップ2

ワークスペース管理のWebページを開きます。

手順は、WindowsまたはMacの場合はP.128「2-13-1 パソコンからワークスペース管理のWebを開く」、iPhoneまたはAndroidの場合はP.130「2-13-2 モバイル端末からワークスペース管理のWebを開く」を参照してください。

ステップ3

「設定と権限」→「設定」カテゴリーの末尾までスクロールし、「データをエクスポート」をクリックします。

エクスポートしたデータは、Slackの別のワークスペースでインポートしてコンテンツを引きつぐことができます。念のために保管することをおすすめします。

ステップ4

「データのエクスポート」ページへ移ったら、「日付範囲をエクスポートする」の項目でエクスポートする期間を選んでから、「エクスポート開始」ボタンをクリックします。

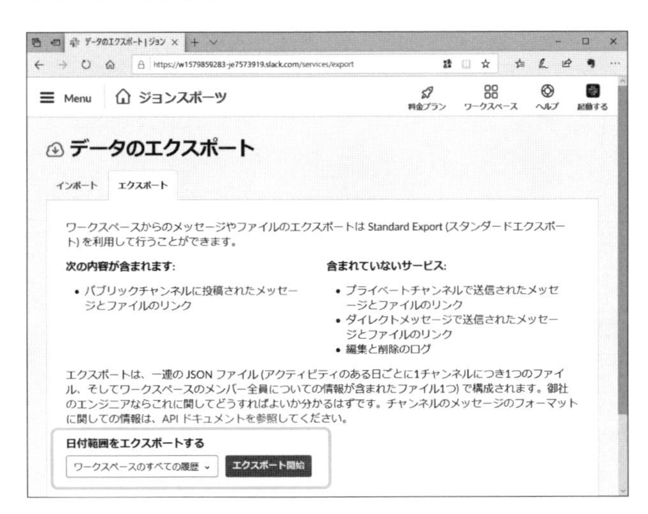

この操作は、エクスポートするデータを1つのZIPファイルへまとめるよう指示するだけです。すぐにファイルをダウンロードするわけではありません。「エクスポートを生成しています」と表示されたら、いったんWebブラウザを閉じてもかまいません。

ステップ5

エクスポートするファイルが準備できるとSlackbotやメールで通知されます。通知などにあるリンクをたどるか、再びワークスペース管理のWebページへアクセスして、「ダウンロードを開始する」をクリックしてダウンロードします。

場合によっては大きなサイズのファイルをダウンロードすることになるので、パソコンを使うことをおすすめします。また、Webブラウザやその設定によってはZIPファイルを自動的に展開しますが、別のワークスペースでインポートするときはZIPファイルをアップロードする必要があるので、展開しないようにダウンロードするのがよいでしょう。

なお、ワークスペースを削除するとエクスポートしたファイルへのリンクもなくなります。ワークスペースを削除する前に、エクスポートしたファイルをダウンロードしてください。

ステップ6

ここからはワークスペースを実際に削除する手順へ移ります。再度、ワークスペース管理のWebページを開き、「設定と権限」→「設定」カテゴリーの末尾までスクロールし、「ワークスペースを削除する」の項目にある「ワークスペースを削除する」をクリックします。

ステップ7

確認のページへ移ったら、「削除されることを承知しました」のオプションをチェックし、自分のサインインに使うパスワードを入力してから、「はい、ワークスペースを削除します」ボタンをクリックします。

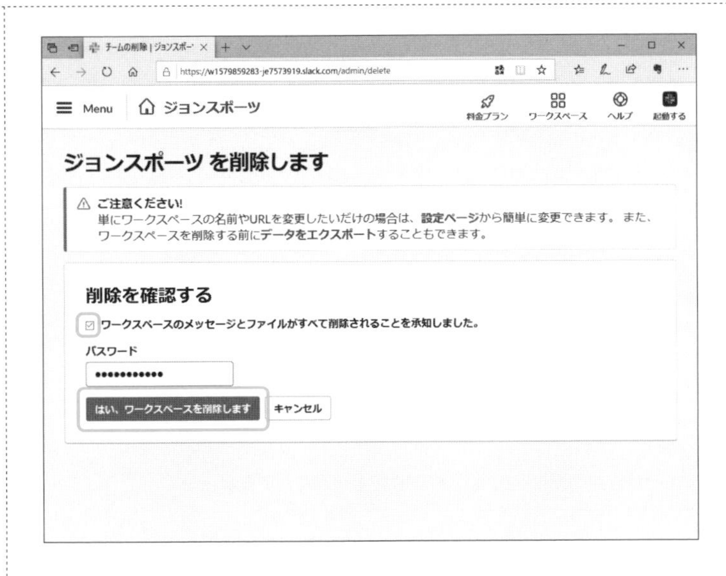

ワークスペースの削除は取り消しできません。エクスポートしていなければ、リストアもできません。

ステップ8

最終確認のダイアログが開きます。続行するには「OK」ボタンをクリックします。

サインインのページへ移ったら、Webブラウザを閉じてもかまいません。

3-2-6 アプリのサインインは端末ごとに必要

ワークスペースへのサインインは、端末1台ごと、ワークスペース1つずつに必要です。そのたびにサインインの手順を取る必要がありますが、端末ごとに最適な使い方ができるともいえます。つまり、複数の端末を使っている場合は、その端末の目的にふさわしいスタイルでSlackを使い分けられます。

たとえば会社用のパソコン、会社用のスマートフォン、プライベート用のスマートフォンの3台を使っていて、社内用、お得意先用、趣味用の3つのワークスペースへ参加しているとします。そして、いろいろな事情があり、社内用のアドレスと趣味用のアドレスは同じであるとします。(改行) この場合、会社用の端末2台からは社内用とお得意先用のワークスペースのみへサインインし、プライベート用の1台からは趣味用のワークスペースのみへサインインしておけば、仕事とプライベートを完全に分けられます。たとえ同じメールアドレスを使っていても、サインインしなければよいわけです。

さらに、同じ会社用の端末でもワークスペースの並び順は端末ごとに変えられるので、社内で使うパソコンは社内用ワークスペースを1番目に置き、外出時によく使う会社用のスマートフォンではお得意先用ワークスペースを1番目に置くこともできます。

■メールアドレスにかかわらず端末の用途にあわせてサインインできる

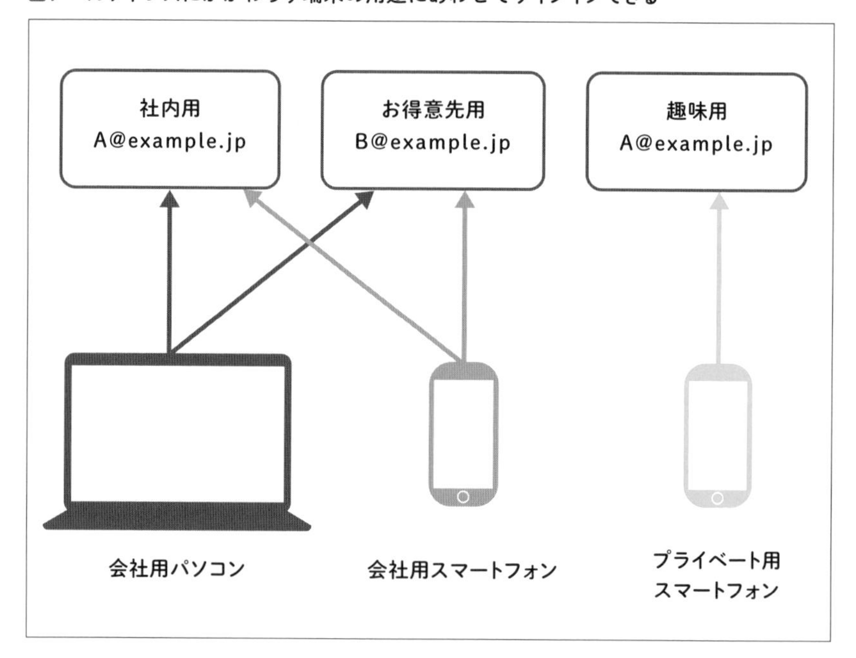

3-3 メンバーを招待する

**チーム用のワークスペースができたら、
案内のメールを送ってメンバーを招待してみましょう。
招待されたメンバーの種別は、デフォルトでは「通常メンバー」
になります。**

3-3-1 パソコンでメンバーを招待する

Windows Mac いま開いているワークスペースへ新しいメンバーを招待する手順は次のとおりです。

ステップ1

ワークスペース名をクリックしてメニューを開き、「メンバーを招待」を選びます。

　そのほかの箇所で「メンバーを招待」「メンバーを追加」などと書かれているところを選んでも同じです。

ステップ2

招待したいメンバーのアドレスを入力します。

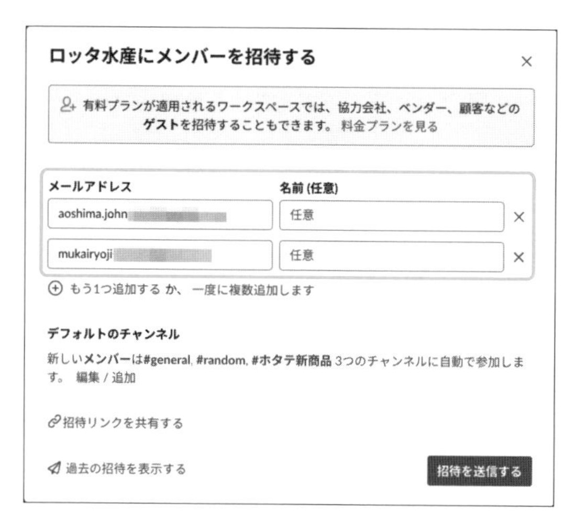

名前は任意ですので空欄でもかまいません。

● NOTE　「招待リンクを共有する」は、誰でもこのワークスペースへ参加できる特別なリンクを生成するものです。組織内で周知して大人数のメンバーを登録するような場合に、個々のメールアドレスを入力する手間を省きます。不特定のユーザーをメンバーとして認めることになるので、運用にはよく注意してください。

ステップ3

新メンバーが自動的に参加するチャンネルを指定する場合は、「デフォルトのチャンネル」の見出しにある「編集/追加」をクリックして指定します。

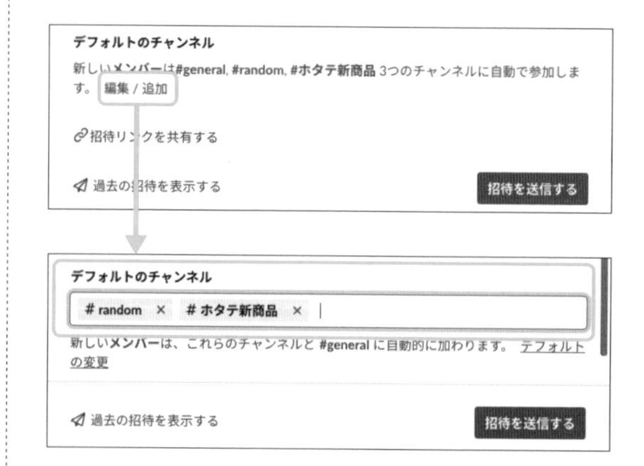

ステップ4

招待メールを送信するには「招待を送信する」をクリックします。

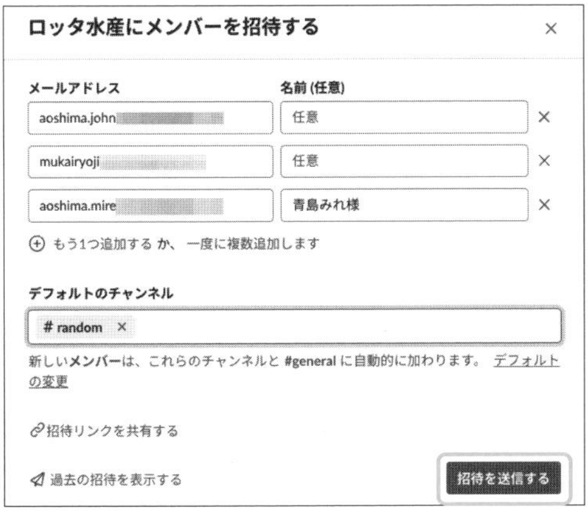

ロッタ水産にメンバーを招待する ×
メールアドレス 名前(任意)
aoshima.john 任意 ×
mukairyoji 任意 ×
aoshima.mire 青島みれ様 ×
⊕ もう1つ追加する か、 一度に複数追加します
デフォルトのチャンネル
random ×
新しいメンバーは、これらのチャンネルと #general に自動的に加わります。 デフォルトの変更
招待リンクを共有する
過去の招待を表示する 招待を送信する

ステップ5

「招待を送信しました」の画面へ移ったら、「終了」をクリックします。

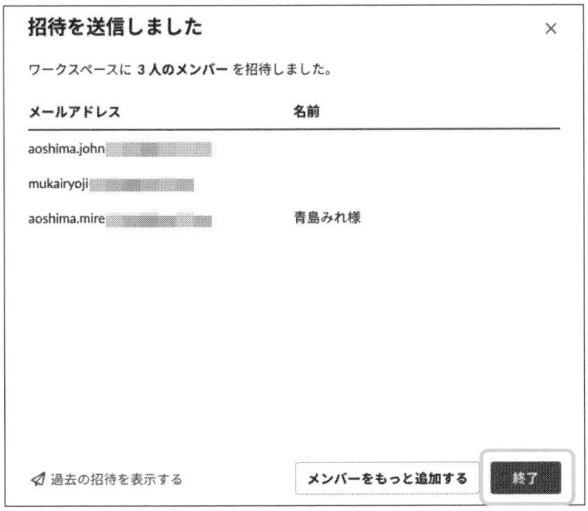

招待を送信しました ×
ワークスペースに 3 人のメンバー を招待しました。

メールアドレス	名前
aoshima.john	
mukairyoji	
aoshima.mire	青島みれ様

過去の招待を表示する メンバーをもっと追加する 終了

招待した後の状況を調べるにはP.188「3-5-3 メンバーの招待を管理する」を参照してください。

● NOTE　新しいメンバーが自動的に参加することになっているチャンネルは、「#general」以外にも任意に設定できます。これはワークスペースの設定のWebページから「設定と権限」→「設定」カテゴリを選び、「デフォルトのチャンネル」で設定できます。また、「ゲスト」の権限を持つメンバーは「#general」チャンネルに自動登録されません(権限とゲストについてはP.148「3-1-4 メンバー種別」を参照)。

3-3-2 モバイル端末でメンバーを招待する

iPhone Android いま開いているワークスペースへ新しいメンバーを招待する手順は次のとおりです。

ステップ1

右サイドバーを開き、「メンバーを招待（する）」をタップします。メールアドレスを入力する画面へ移ったら、送信先を入力して、「送信」をタップします。

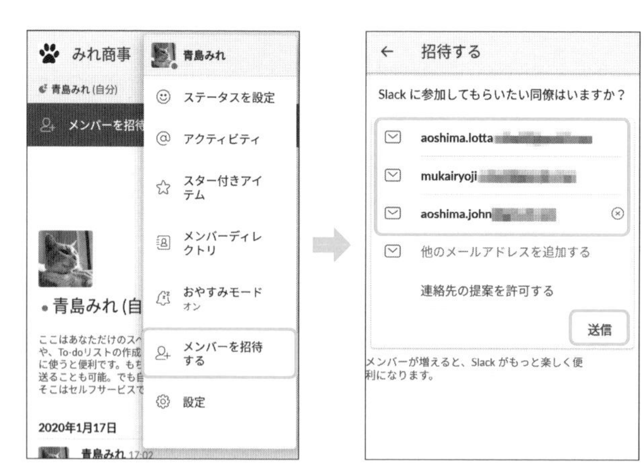

「送信」は、iPhoneでは画面右上、Androidではフォーム右下にあります。

ステップ2

「送信しました」と表示されたら完了です。

招待した後の状況を調べるにはP.188「3-5-3 メンバーの招待を管理する」を参照してください。

3-3-3 招待したメンバーが参加すると

招待したメンバーが招待に応じてサインインすると、デフォルトで「通常メンバー」として設定されます。種別を変更するには、本人がサインインした後に手続きします（詳細はP.187「3-5-2 メンバー種別を変更する」を参照）。

また、ダイレクトメッセージの相手の欄に、相手が参加したことを示すメッセージが表示されることがあります。

■招待したユーザーが参加したことを知らせるメッセージの例

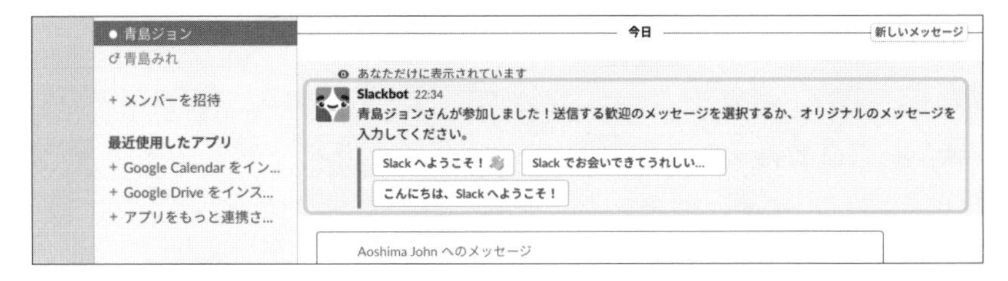

このメッセージは相手のダイレクトメッセージとして分類されていますが、表示されているように、本当の送り主はSlackbotであり、招待したユーザーが参加したことを知らせた上で、何らかのあいさつを送るように促すものです。実際にどうするかは、状況に応じて判断してください。

3-3-4 メンバー招待を承認制にする

All デフォルトでは、ゲストを除くすべてのメンバーが新しいメンバーを招待できます。これを、管理者以上のメンバーによる承認が必要になるように制限できます。

メンバーのリストはすぐに調べられますが、上位の権限を持つメンバーが誰も知らない間に新しいメンバーが参加できる状態は、ワークスペースの用途によっては問題になることもあるでしょう。そのような場合は以下の手順で制限してください。

ステップ1

ワークスペース管理のWebページを開き、「設定と権限」をクリックします。

ステップ2

「権限」をクリックします。

ステップ3

「招待リスト」の見出しを探し、「開く」をクリックします。

ステップ4

表示に従って設定し、「保存する」をクリックします。ここでは「Slackbot経由」を選びます。

A 「管理者による承認が必要です」：制限するにはオンにします。

B 「招待リクエストの送信先を入力...」：必要に応じて選びます。

「招待リクエストの送信先」は、状況に応じて検討してください。たとえば、ワークスペースの参加者が少人数で、誰かが新しいメンバーの招待をリクエストしたことを全員の目につくようにしたい場合は、「#general」チャンネルに設定してもよいでしょう。ただし、承認する権限がないメンバーにもメッセージが送られるため、無用の混乱を引き起こすかもしれません。

逆に、参加者が多いなどの理由でチャンネルの用途を細かく分けている場合は、メンバー管理専用のプライベートチャンネルを作成し、そこへ通知するように設定するとよいでしょう。この場合はチャンネル参加者を細かく制限することもできます。

あるいはもっと簡単に、招待を承認する権限を持つ管理者以上のメンバーだけに通知すればよい場合は、「すべての管理者、Slackbot経由」（すべての管理者に対し、Slackbotを経由して通知する）を選ぶのがよいでしょう。

ステップ5

「保存する」が「ブックマーク」と変わったら完了です。Webブラウザは閉じてもかまいません。

3-3-5 招待をリクエストする

All 新しいメンバーの招待を承認制に設定しても、通常メンバーが新しいメンバーを招待するときの手順はほぼ同じです（詳細はP.171「3-3-1 パソコンでメンバーを招待する」またはP.174「3-3-2 モバイル端末でメンバーを招待する」を参照）。

ただし、通常メンバーは招待メールを自分で送信するのではなく、まず管理者以上のメンバーに対して、メンバー招待のリクエストを送ります。このとき、リクエストする理由も添えられます。

■通常メンバーから招待をリクエストするフォーム

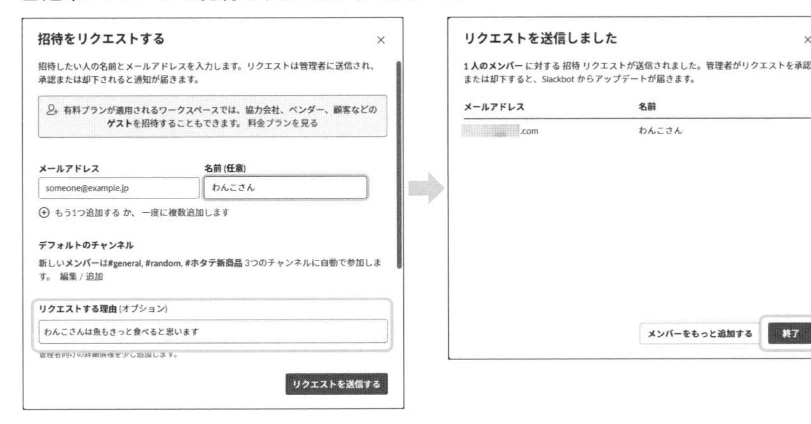

招待のリクエストを送信すると、管理者以上のメンバーへ伝えられます。リクエストを受け取ったメンバーは、「招待を送信する」または「拒否する」をクリックして、手続きを進めます。招待のリクエストを送った通常メンバーには、その結果がSlackbotから伝えられます。

■通常メンバーから招待のリクエストがあったことを伝えるメッセージ

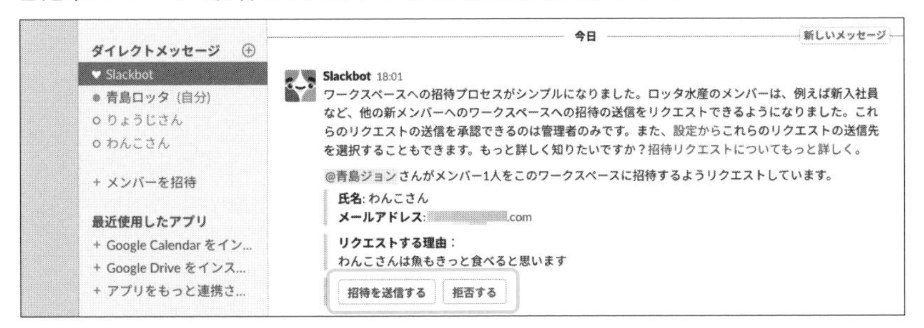

■招待のリクエストを送った通常メンバーに結果が伝えられる

なお、招待された相手へ届くメールには、招待のリクエストを送ったメンバーの名前が伝えられます。リクエストを承認したメンバーではないので、相手がワークスペースの管理者の名前を知らなくても、リクエストを送ったメンバーの名前を知っていれば、招待された理由はわかるでしょう。

3-4 メンバーの招待を受ける

ワークスペースへの招待メールが届いたら、
メール内のリンクから参加できます。
すでにいずれかのワークスペースへ参加しているものとして、
招待を受けて別のワークスペースへ新しく参加する手順を
簡単に紹介します。アプリからもサインインしておきましょう。

3-4-1 パソコンでメンバーの招待を受ける

Windows Mac すでにいずれかのワークスペースへ参加している場合に、新しいワークスペースへの招待メールが届いたら、以下の手順で操作します。

ステップ1

招待メールが届いたら、「今すぐ参加」をクリックします。

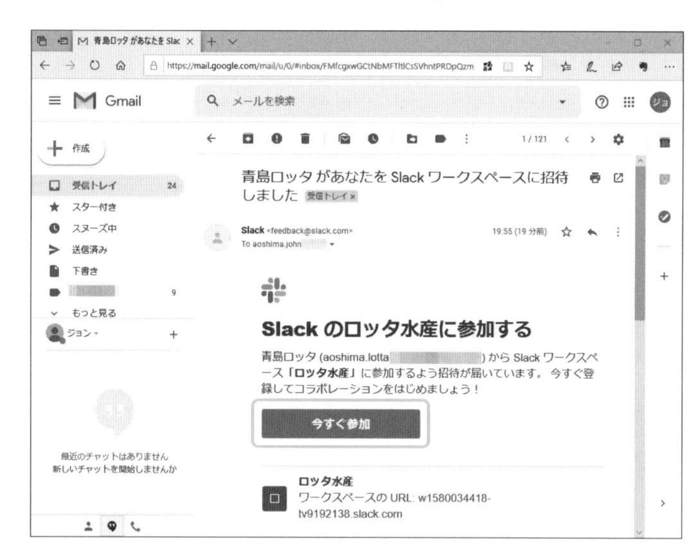

ステップ2

SlackのWebサイトが開いたら、表示に従って自分の氏名と、このワークスペースへサインインするときに使うパスワードを入力してから、「アカウントを作成する」をクリックします。

ステップ3

ワークスペースの画面が表示されたら、サインインは完了です。

続けて、Slackアプリからサインインしましょう。

ステップ4

Slackアプリへ切り替えてから、画面左端にある[+]をクリックします。

ステップ5

再度Webブラウザへ切り替わったら、画面の下のほうにある、ワークスペースの名前をクリックします。

すでにこのワークスペースにはサインインしているので、再度サインインする必要はありません。

ステップ6

アプリへ切り替える操作を確認するダイアログが開いたら、許可します。

このダイアログはWebブラウザによって異なります。

ステップ7

アプリからサインインできたことを確かめます。

3-4-2 モバイル端末でメンバーの招待を受ける

iPhone Android すでにいずれかのワークスペースへ参加している場合に、新しいワークスペースへの招待メールが届いたら、以下の手順で操作します。

ステップ1

招待メールが届いたら、「今すぐ参加」をタップします。

ステップ2

表示に従って自分の氏名を入力してから、「次へ」をタップします。

ステップ3

このワークスペースへサインインするときに使うパスワードを入力、「アカウントを作成する」をタップします。左サイドバーを使ってワークスペース一覧画面を表示し、サインインできたことを確かめます。

3-5 メンバーを管理する

招待したメンバーの状況や、参加メンバーの一覧を調べたり、各メンバーに割り当てるメンバー種別を変える手順を紹介します。プライマリーメンバーを他のメンバーへ譲ったり、アカウントを解除する操作も、同じWebページから行えます。

3-5-1 パソコンでメンバー管理のWebを開く

Windows Mac ワークスペースのメンバーを管理する手順は次のとおりです。

ステップ1

アプリを開き、ワークスペース名をクリックしてメニューが開いたら、「その他管理項目」→「メンバー管理」を選びます。

ステップ2

Webブラウザへ切り替わり、メンバー管理のWebページを開きます。必要に応じて操作してください。

Ⓐ **「アカウント種別」**：「招待されたメンバー」とは、招待メールを送ったもののまだ本人がサインインしていない状態のことです。また、アカウントを解除すると「－」とだけ表示されます。これ以外の種別はワークスペースのP.148「3-1-4 メンバー種別」を参照してください。

Ⓑ クリックすると、アカウント種別に応じてメニューを開きます。

ステップ3

必要に応じて操作したら、Webページを閉じます。

操作はすぐに反映されます。

● ● ● ● ● ●

● NOTE　iPhoneとAndroidからも、ワークスペース管理のWebページを開き（手順はP.128「2-13 ワークスペースの管理」を参照）、「ワークスペースの管理」を選べば、メンバー管理のWebページを開くことができます。ただし、表示幅によってはメンバー種別が表示されず、確認する方法もないため、ここでは紹介を省略します。なお、何らかの操作によって一定程度まで表示幅を広げられる端末であれば、メンバー種別も確認できるようです。その場合の手順はパソコンと同じです。

3-5-2 メンバー種別を変更する

参加しているメンバーの種別を変更するには、メンバーごとのメニューを開き、「オーナーに変更する」などを選びます。メニューの内容は現在の種別に応じて変わります。

あるメンバーの権限を下げられるのは、より上位の権限を持つメンバーだけです。たとえば、管理者を通常メンバーへ下げられるのは、オーナーまたはプライマリオーナーです。

オーナーから通常メンバーへは直接変更できません。いったん管理者へ変更してから、通常メンバーへ変更します。

■種別に応じてメニューの内容は異なる

メンバー管理
メンバーを招待する
現在のメンバーを検索する
フィルター
名前 ↓
アカウント種別
向井領治
mukairyoji
—
青島みれ
aoshima.mire
通常メンバー
青島ジョン
青島ジョン • aoshima.john
通常メンバー
青島ロッタ (自分)
aoshima.lotta
プライマリーオーナー
オーナーに変更する
管理者に変更する
ゲストに変更する
アカウントを解除する

メンバー管理
メンバーを招待する
現在のメンバーを検索する
フィルター
名前 ↓
アカウント種別
向井領治
mukairyoji
ワークスペースの管理者
青島みれ
aoshima.mire
通常メンバー
青島ジョン
青島ジョン • aoshima.john
通常メンバー
青島ロッタ (自分)
aoshima.lotta
プライマリーオーナー
オーナーに変更する
通常メンバーに変更する
アカウントを解除する

3-5-3 メンバーの招待を管理する

招待メールを送ると、相手が何も応じていなくてもメンバー管理のWebページの一覧に表示されます。

アカウント種別は、まだこのワークスペースへ相手が参加していなければ「招待されたメンバー」、サインインして参加すると「通常メンバー」になります。

招待に応じていないメンバーのメニューを開くと、「招待を再送信」や「招待を取り消す」などの操作を行えます。招待を取り消すと、そのユーザーはサインインできなくなりますが、このページには記録が残ります。メニューから「アカウントを有効化する」を選ぶと、再びサインインを待つ状態になります。

■招待済みで未参加のメンバーに対する操作

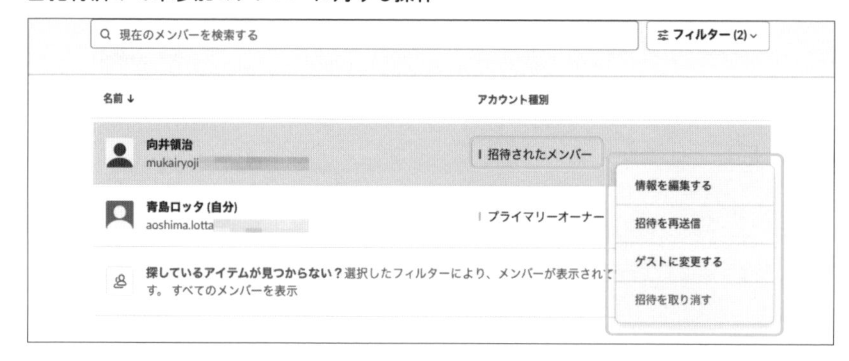

3-5-4 メンバーのアカウントを停止・再開する

特定のメンバーのアカウントを停止できます。これには、そのメンバーのメニューを開き、「アカウントを解除する」を選びます。確認画面が表示されたら、「解除する」をクリックします。

■アカウントを解除する

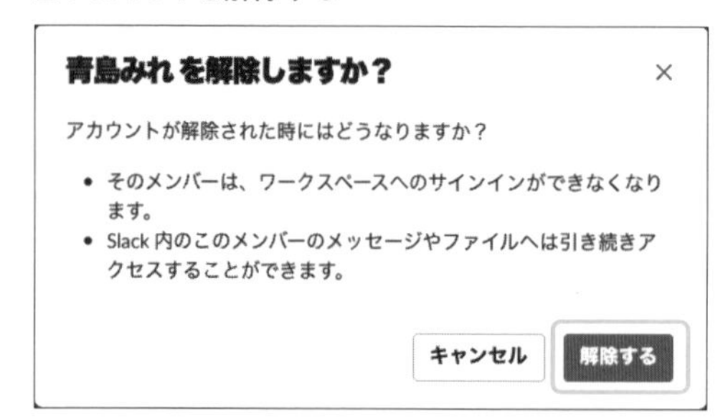

アカウントを解除されたメンバーは、すべての端末でサインインができなくなります。ただし、本人に通知はされず、本人のメッセージやファイルが削除されることもありません。また、アカウント種別は「—」となりますが、メンバー管理ページには残ります。

このメンバーを再びサインインできるようにするには、そのメンバーのメニューから「アカウントを有効化する」を選びます。端末が盗まれたなどの事故に対応するときに使うとよいでしょう。

■解除したアカウントは再び有効化できる

● NOTE　画面の表記はアカウントの「解除」ですが、実際の機能からすれば「停止」と呼ぶほうがよいでしょう。クレジットカードを紛失したときに一時的に利用を止めてもらうようなイメージです。なお、事故に備えて、メンバー全員のパスワードを強制的にリセットできることも覚えておきましょう。これには、ワークスペース管理のWebページから「設定と権限」→「認証」カテゴリを開き、「パスワードの強制リセット」の見出しにある「開く」をクリックし、「ワークスペースのメンバー全員のパスワードをリセットする」をクリックします。

3-5-5 プライマリオーナーの権限を譲渡する

ワークスペースを作成すると、作成したメンバーが最初のプライマリオーナーになります。何らかの事情で最上位の管理権限をほかのメンバーへ渡したいときは「譲渡」の手続きをします。手順は次のとおりです。

ステップ1

メンバー管理のWebページを開き、自分のメニューから「オーナーの権限を譲渡する」を選びます。

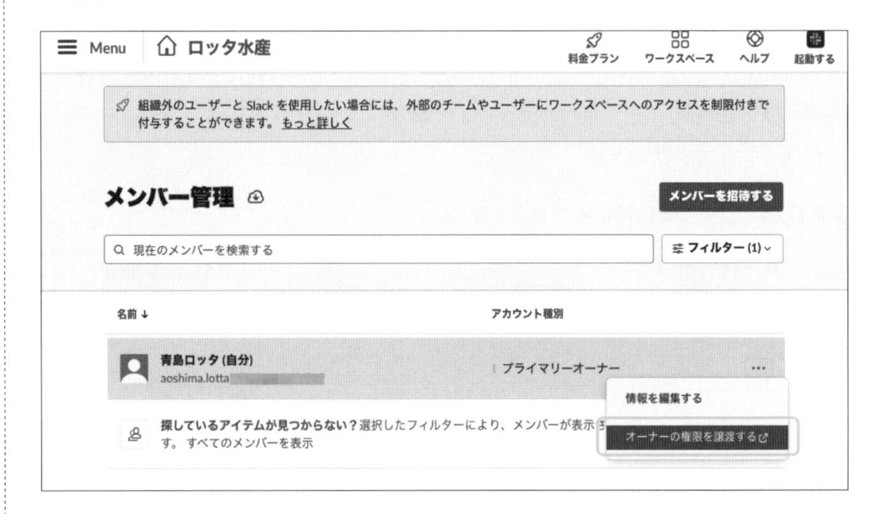

ステップ2

表示に従って選択・入力し、「ワークスペースのオーナーの権限の譲渡」をクリックします。

Ⓐ 譲渡するメンバーを選びます。クリックするとメンバー一覧から選べます。

Ⓑ 自分がサインインするときのパスワードを入力します。

ステップ3

確認画面が表示されます。続行するには「オーナーの権限の譲渡」をクリックします。

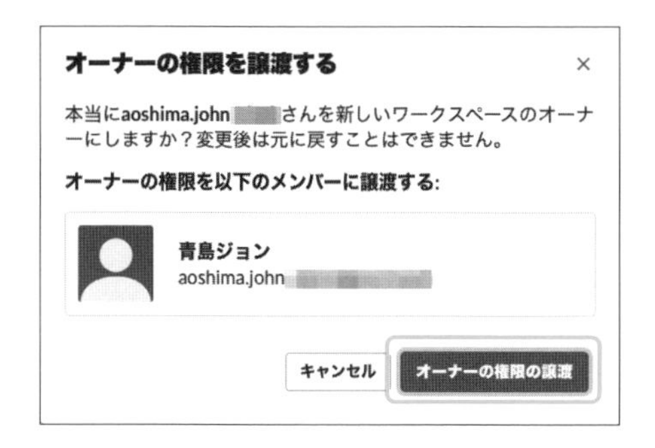

ステップ4

「譲渡しました」と表示されれば完了です。「ワークスペースの管理に戻る」をクリックします。

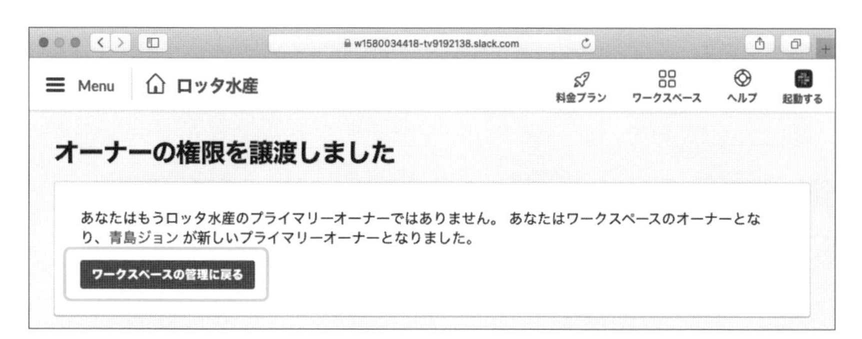

ステップ5

自分が「ワークスペースのオーナー」になり、指定したメンバーが「プライマリーオーナー」になったことを確かめます。

自分は「プライマリーオーナー」から「ワークスペースのオーナー」になったため、上位の権限を持つ、新しいプライマリーオーナーのメニューを操作することはできなくなっています。

なお、譲渡の操作は取り消しできません。ただし、新しいプライマリオーナーになったメンバーに自分へ譲渡してもらうことで、自分が再度プライマリーオーナーになることはできます。

3-5-6 自分のアカウントを停止する

ワークスペースのメンバー登録を自分で停止するには、「アカウントの解除」を行います。サインアウトしただけではメンバーとして登録されたままですが、アカウントの解除を行うと自分では再びサインインできなくなります。手順は次のとおりです。

なお、プライマリーオーナーは自分のアカウントを解除できません。ほかのメンバーに権限を譲渡してから操作してください。

ステップ1

ワークスペース名をクリックし、メニューが開いたら「プロフィール&アカウント」を選びます。

ステップ2

画面右側に開いた表示から[⋮]をクリックし、メニューが開いたら「アカウント設定」を選びます。

ステップ3

Webブラウザへ切り替わったら、「設定」タブが開いていることを確かめます。ページ末尾近くまでスクロールして、「アカウントを解除する」をクリックします。

ステップ4

表示に従って、自分がこのワークスペースへサインインするときに使っているパスワードを入力し、「パスワードの確定」をクリックします。

ステップ5

確認画面が表示されます。本当に解除するには「はい、アカウントを解除します」をクリックします。

ステップ6

最後の確認画面が表示されます。続行するには、「はい、アカウントを解除します」オプションをオンにしてから、「アカウントを解除する」をクリックします。

ステップ7

「アカウント解除のご連絡」というメッセージが表示されたら完了です。

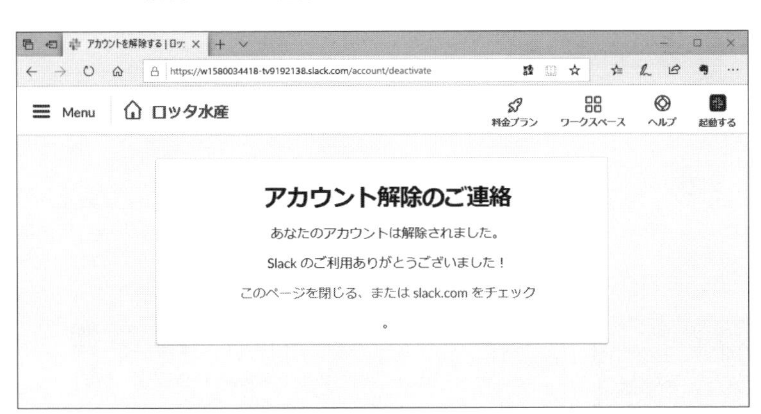

● NOTE　自分でアカウントを解除しても、メンバー管理のページには残っています。メンバー管理の権限を持つメンバーは、本人が解除したアカウントを再開できます（手順はP.188「3-5-4 メンバーのアカウントを停止・再開する」を参照）。

3-6 自分のメールアドレスを変更する

招待に使われたものとは異なるメールアドレスを使いたい場合や、参加中に変更したい場合は、そのワークスペースで使うメールアドレスを自分で変更できます。なお、同じ設定ページからパスワードの変更もできます。

3-6-1 パソコンから自分のメールアドレスを変更する

Windows Mac 自分のメールアドレスを確認し、変更する手順は次のとおりです。

ステップ1

ワークスペース名をクリックし、メニューが開いたら「プロフィール&アカウント」を選びます。

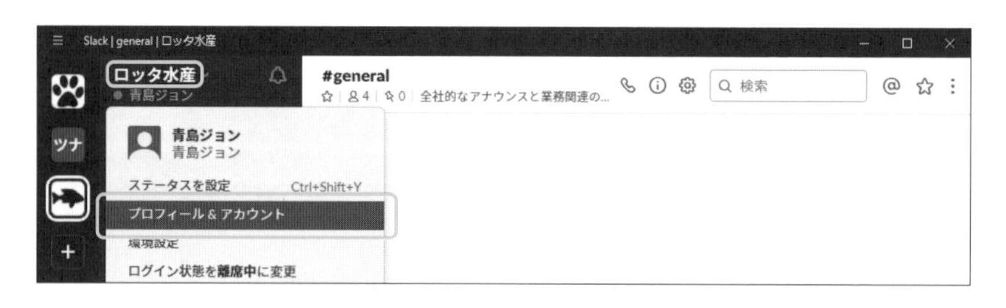

ステップ2

画面右側から自分のプロフィールが開いたら、下へスクロールしてメールアドレスを確かめます。

変更する場合は、以降のステップへ進んでください。

ステップ3

⋮をクリックし、メニューが開いたら「アカウント設定」を選びます。

ステップ4

Webブラウザへ切り替わったら、「設定」タブの中の「メールアドレス」欄にある「開く」をクリックします。

ステップ5

入力欄が開いたら、表示に従って入力し、「メールアドレスを更新する」をクリックします。

「現在のパスワード」と「新しいメールアドレス」を入力することに注意してください。パスワードを2回、または、アドレスを2回入力するものではありません。

ステップ6

前のステップで入力した新しいアドレスへ確認メールを送ったというメッセージが表示されます。

ステップ7

メールアプリなどで新しいメールアドレスの受信箱を開き、Slackからの確認メールを探して、「メールアドレスを確認する」をクリックします。

ステップ8

SlackのWebページへ切り替わったら、メールアドレスが変更されたことを確かめます。

3-6-2 モバイル端末から自分のメールアドレスを変更する

iPhone Android 自分のメールアドレスを確認し、変更する手順は次のとおりです。

ステップ1

Webブラウザを開き、ワークスペース設定のWebページを開きます。

手順はP.130「2-13-2 モバイル端末からワークスペース管理のWebを開く」を参照してください。

ステップ2

「アカウント設定」をタップします。入力欄が開いたら、表示に従って入力し、「メールアドレスを更新する」をタップします。

「現在のパスワード」と「新しいメールアドレス」を入力することに注意してください。パスワードを2回、または、アドレスを2回入力するものではありません。

ステップ3

前のステップで入力したアドレスへ確認メールを送ったというメッセージが表示されます。

ステップ4

メールアプリなどで新しいメールアドレスの受信箱を開き、Slackからの確認メールを探して、「メールアドレスを確認する」をタップします。SlackのWebページへ切り替わったら、メールアドレスが変更されたことを確かめます。

3-7 カスタム絵文字を使う

**自分で用意した画像ファイルを絵文字として使うことができます。
これを「カスタム絵文字」といいます。
登録はワークスペースごとに、パソコンから行う必要があります。
誰かが登録すれば、全員が同じ絵文字を使えます。
組織のロゴなどを登録するとよいでしょう。**

3-7-1 カスタム絵文字を作成する

Windows Mac カスタム絵文字を登録する手順は次のとおりです。

ステップ1

画像ファイルを用意します。

背景が透明であり、ファイルサイズが128KB以下、縦横比が同じものが理想的です。「ライト」と「ダーク」のテーマの両方で見えるように、グレーや、何らかの色を使っているものがよいでしょう。ファイル形式には、JPEG、GIF、PNGが使えます。

ステップ2

アプリを開き、「ダイレクトメッセージ」カテゴリーにある自分の名前をクリックし、メッセージの入力欄を表示します。

登録するだけであれば、メッセージの入力欄が表示されていればどこでもかまいません。

ステップ3

メッセージの入力欄の右下にあるスマイルアイコンをクリックし、パネルが開いたら左下の「絵文字を追加する」をクリックします。

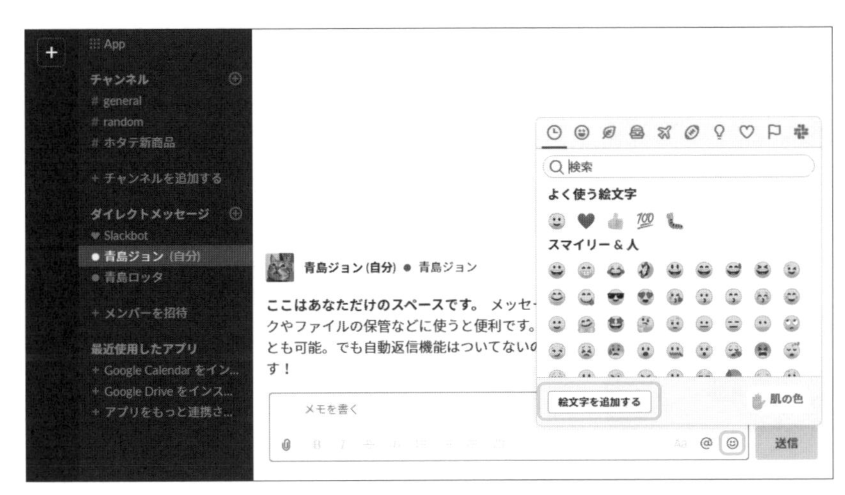

ステップ4

「カスタム絵文字を追加する」画面が表示されたら、表示に従って入力してから「保存する」をクリックします。

Ⓐ「画像をアップロードする」：クリックして画像ファイルを指定します。左隣にあるプレビューで、「ライト」と「ダーク」のテーマの両方でどのように見えるかを確かめます。見づらい場合は画像の修正などをおすすめします。

Ⓑ「名前を付ける」：表示されている2つのコロンの間に名前を入力します。文字で入力するときに使います。すでに同名のものがあるときは、別の名前にする必要があります。

ステップ5

登録を完了する旨のメッセージが表示されたら完了です。

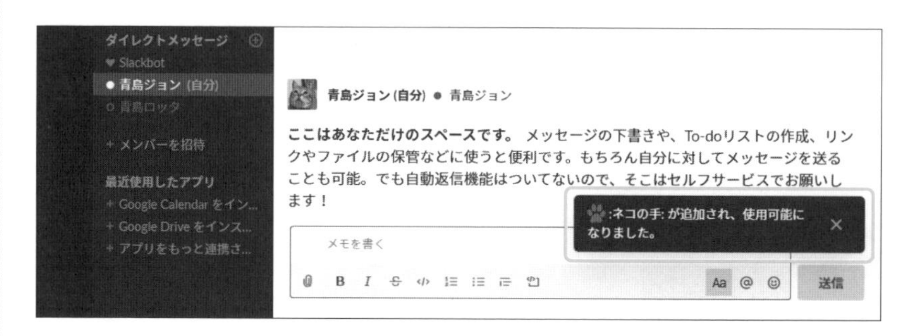

ステップ6

いま登録した絵文字を使って、自分あてにメッセージを送ってみましょう。

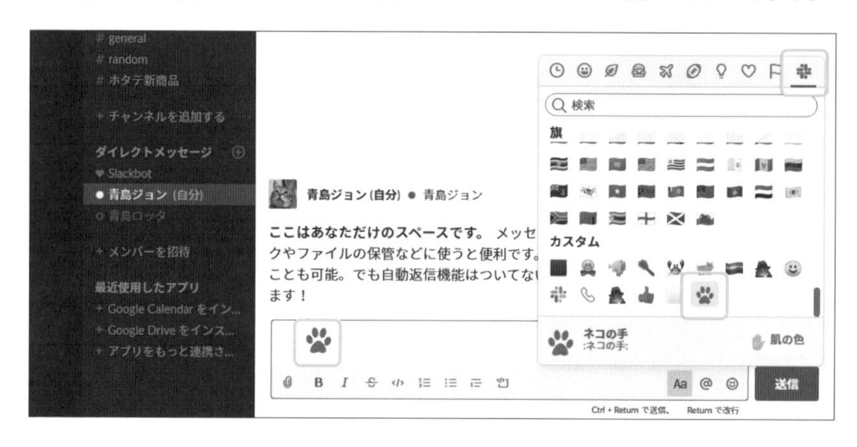

絵文字を入力する手順はP.95「2-7 絵文字を使う」を参照してください。

3-7-2 カスタム絵文字を使う

カスタム絵文字はワークスペースで共通です。メンバーの誰かが登録すれば、別のメンバーも使えるようになります。絵文字を使ってメッセージを送る方法はP.95「2-7 絵文字を使う」を参照してください。

■カスタム絵文字を使ってメッセージを書く

3-7-3 カスタム絵文字を管理する

登録済みのカスタム絵文字にエイリアス（別の名前）をつけたり、削除する手順は次のとおりです。なお、管理者およびオーナーはすべてのカスタム絵文字を管理できますが、通常メンバーが管理できるのは自分が登録したものだけです。

ステップ1

アプリでワークスペース名をクリックし、メニューが開いたら「Slackをカスタマイズ」を選びます。

ステップ2

Webブラウザへ切り替わり、「ワークスペースのカスタマイズ」ページが開きます。1つめのタブが「絵文字」です。

ステップ3

いずれかのカスタム絵文字にエイリアスを設定するには、「エイリアスを追加する」をクリックします。

ステップ4

表示に従って入力し、「保存する」をクリックします。

Ⓐ「絵文字を選択する」:クリックして、一覧から目的の絵文字を選びます。

Ⓑ「エイリアスを入力する」:エイリアスに使う名前を入力します。

ステップ5

カスタム絵文字を削除するには、目的のものの右端にある⊗をクリックします。

ステップ6

表示に従って選択し、「削除」をクリックします。

削除する絵文字を選択する

:myfish: には :lottasuisanlogo: エイリアス があります。元の絵文字を削除するか (この場合、そのエイリアスも削除されます)、またはそのエイリアスだけを削除することができます。

:myfish: 元の絵文字

:lottasuisanlogo: エイリアス

キャンセル 削除

エイリアスが設定されているときは、エイリアスだけを削除することもできます。

3-7-4 カスタム絵文字を登録できるメンバーを制限する

デフォルトでは、カスタム絵文字はすべてのメンバーが登録できるように設定されています(ゲストを除く)。これを、管理者とオーナーのみに制限することができます。手順は次のとおりです。

ステップ1

ワークスペース名をクリックし、メニューが開いたら「その他管理項目」→「ワークスペースの設定」を選びます。

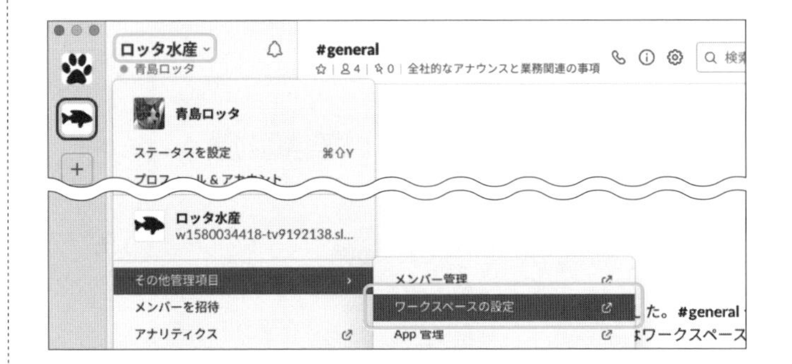

ステップ2

Webブラウザへ切り替わったら、「権限」タブをクリックします。

ステップ3

「カスタム絵文字とローディングメッセージ」の欄にある「開く」をクリックします。

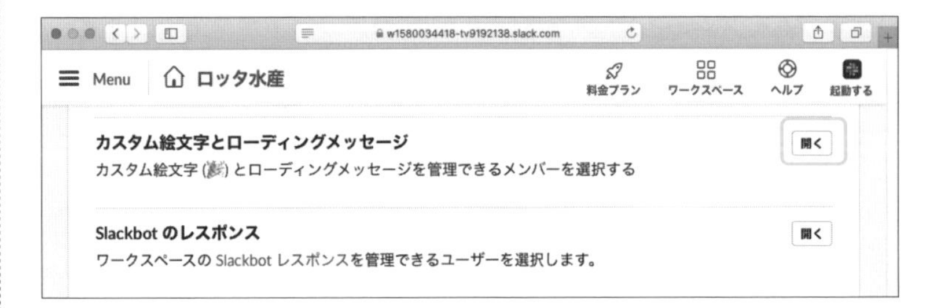

ステップ4

「カスタム絵文字を管理できるメンバー」を「ワークスペースの管理者とオーナーのみ」へ変更してから、「保存」をクリックします。

ステップ5

「保存」の表示が「ブックマーク」に変わったら変更は完了です。

3-8 Slackbotに特定の語句に対する返信を登録する

Slackbotに対して特定のキーワードを含めたメッセージを送ると、事前に登録したメッセージを返すように設定できます。
単純な機能ですが、アイデア次第ではメンバーの手間を減らすなど実用的な使い方もできます。

3-8-1 パソコンでSlackbot返信のWebページを開く

Windows Mac Slackbotに対して、応対すべきキーワードと返信する内容を登録する手順は次のとおりです。

ステップ1

ワークスペースの名前をクリックし、メニューが開いたら「Slackをカスタマイズ」を選びます。

ステップ2

Webブラウザへ切り替わったら、「Slackbot」をクリックします。

ステップ3

図のページで、キーワードと返信を入力していきます。

入力内容の書き方はP.213「3-8-3 Slackbot返信のキーワードと内容を設定する」で紹介します。

3-8-2 モバイル端末でSlackbotのWebページを開く

iPhone Android Slackbotに対して、応対すべきキーワードと返信する内容を登録する手順は次のとおりです。

ステップ1

ワークスペースの管理ページを開き、「Slackをカスタマイズ」をタップします。「絵文字▼」をタップし、メニューが開いたら「Slackbot」をタップします。

ステップ2

図のページで、キーワードと返信を入力していきます。

入力内容の書き方は次項「3-8-3 Slackbot返信のキーワードと内容を設定する」で紹介します。

3-8-3 Slackbot返信のキーワードと内容を設定する

All Slackbotが応対するキーワードと、その返信を登録する手順は、次の図のとおりです。

■Slackbotのレスポンスを編集する

A「メンバーがこう言ったら...」：Slackbotが応対すべきキーワードを入力します。複数指定するには半角の「,」(カンマ)で区切ります。図のように入力すると、この3つのいずれの単語にも応対します。

B「Slackbotの返信」：Slackbotの返信内容を入力します。改行で区切ると、いずれかの行の内容をランダムに返信します。図では3行を入力しているので、3つのいずれかが返信されます。なお、入力枠内の折り返しは無視されます。

C 返信内容を複数行で記述するには、改行したい位置に「\n」を入力します。「\」(バックスラッシュ)を入力するのが難しいときは、ページ末尾のヒントに書かれている「\n」をコピーするとよいでしょう。

D「レスポンスを保存する」：入力内容を保存します。複数の組み合わせがあるときは、1組ずつ保存する必要があります。

E「新しいレスポンスを追加する」：キーワードと返信のセットを追加します。

3-8-4 Slackbotに返信してもらう

All Slackbotに返信してもらうヒントを、次の図に示します。練習するときは、ダイレクトメッセージの自分あてに送信してください。なお、Slackbotあてに送信しても反応しません。また、パブリックチャンネルでは参加者全員へ送られてしまいます。

■Slackbotに返信してもらう

Ⓐ キーワードとした「当社」に対して返信されています。

Ⓑ 「弊社所在地です。」はキーワードとして判定されないため、返信されません。よって、通常のメッセージに偶然キーワードが含まれていても、Slackbotは返信しません。

Ⓒ キーワードとした「弊社」とほかの語句の間にスペースを入れることで、キーワードがあると判定されて、設定した内容が返信されます。

チームのメンバーとやりとりしよう

メンバーとのやりとりに使うチャンネルと、そのメンバーの管理方法を紹介します。メッセージに対応するさまざまな方法や、通知方法を自分の都合に合わせて変える方法を知ると、どのように送るとおたがいに都合がよいかわかるようになります。

4-1 メンバー一覧と相手の状態を調べる

ワークスペースにいまどんなメンバーがいるのか、さらに、それぞれのログイン状態とステータスがどうなっているかを調べられます。メールとは異なり現在の相手の状態がわかるので、すぐに返事をもらえそうか、前もってわかります。

4-1-1 パソコンでメンバー一覧を調べる

Windows Mac ワークスペースに参加しているメンバーの一覧を調べる手順は次のとおりです。相手のログイン状態とステータスもあわせて調べられます。

ステップ1

ウインドウ右上にある⋮をクリックし、メニューが開いたら「ワークスペースディレクトリ」を選びます。

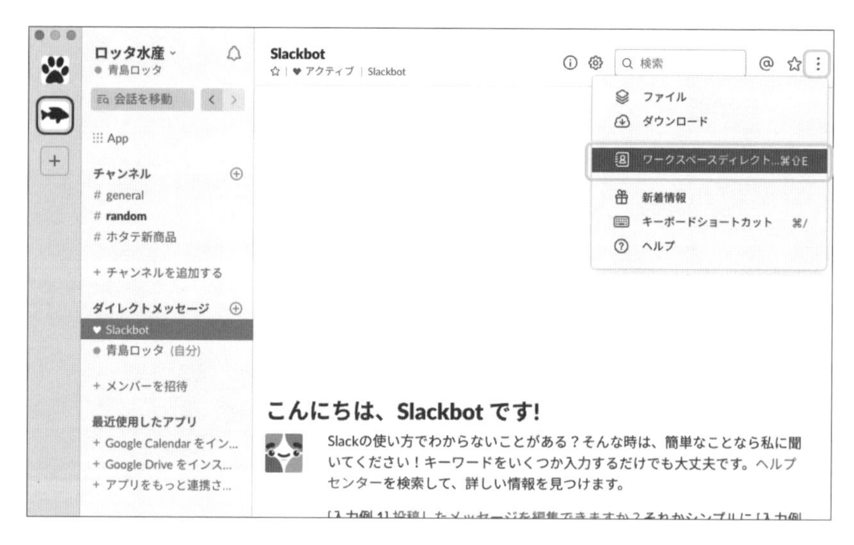

ステップ2

ウインドウ右側に、参加メンバーの一覧と、それぞれのログイン状態およびステータスが表示されます。

ステータスの絵文字にポインタ（マウスの矢印）を重ねると語句も表示されます。

ステップ3

メンバーが多い場合は、検索やフィルターを使って絞り込みます。

A 「名前またはタイトルで検索」：プロフィールの「氏名」「表示名」「役職・担当」のすべてを対象に検索します。

B クリックするとメニューを開き、メンバー種別などを元に絞り込みます。

4-1-2 モバイル端末でメンバー一覧を調べる

iPhone Android ワークスペースに参加しているメンバーの一覧を調べる手順は次のとおりです。相手のログイン状態とステータスもあわせて調べられます。

ステップ1

右サイドメニューを開き、「メンバーディレクトリ」を選びます。参加メンバーの一覧と、それぞれのログイン状態およびステータスが表示されます。Androidではステータスの語句まで表示されないので、相手の名前をタップしてプロフィール画面を開いてください。

iPhone

Android

4-1-3 主要な相手は「ダイレクトメッセージ」で確認

All ここまでに紹介した手順は、ワークスペースに参加している全員を調べる方法です。ただし、普段から共同作業することが多いメンバーは限られてくるでしょうから、つねに全員を調べる必要はないでしょう。

主要な相手は、パソコンでは基本画面の左側、スマートフォンでは左サイドバーの中にある「ダイレクトメッセージ」カテゴリーに表示されます。本来はダイレクトメッセージを送受信するためのカテゴリーですが、ここでログイン状態なども確かめられるので、日常的にはこちらを使うほうが便利です（詳細はP.220「4-2 個人間でメッセージを送る」を参照）。この欄に表示されていない相手も、1度メッセージを送れば自動的に表示されるようになります。

■「ワークスペースディレクトリ」には全員、「ダイレクトメッセージ」には主要な相手が表示される

4-2 個人間でメッセージを送る

個人間で非公開のメッセージをやりとりする機能を「ダイレクトメッセージ」といいます。相手を選んで送信するだけですので一般的なチャットサービスと同じですが、新しい相手を探す手順を覚えておきましょう。最大8人までの同時送信もできます。

4-2-1 パソコンでダイレクトメッセージの相手を探す

Windows Mac ダイレクトメッセージを送る手順は次のとおりです。メッセージを送る手順はP.82「2-5 自分にダイレクトメッセージを送る」で紹介したものと同じですので、ここでのポイントは目的の相手を探すことです。

ステップ1

アプリの基本画面の左側で、「ダイレクトメッセージ」カテゴリの中から相手を探してクリックします。

右側にメッセージの履歴と入力欄が表示されたら、ダイレクトメッセージを送信できます。もしも目的の相手が見つからない場合は、次のステップへ進んでください。

ステップ2

相手が「ダイレクトメッセージ」カテゴリにない場合は、「ダイレクトメッセージ」の見出しをクリックします。

⊕アイコンがありますが、見出しをクリックしても同じです。

ステップ3

メンバーのリストが表示されたら、相手のアイコンをクリックします。

ポインタ（マウスの矢印）を重ねると右側に「検索開始」と表示されます。これをクリックすると次のステップを省略できます。

ステップ4

相手の名前が上の欄へ入力されたら、「開始」をクリックします。

ステップ5

「ダイレクトメッセージ」カテゴリに相手の名前が現れ、メッセージをやりとりする画面が開きます。

ステップ6

「ダイレクトメッセージ」カテゴリの表示から外したい場合は、そのメンバーを選択していない状態でポインタを重ね、右側に表示される⊗をクリックします。

この操作は主要メンバーの表示から外しているだけです。ステップ2以降の操作を繰り返せば、再び「ダイレクトメッセージ」カテゴリに表示されます。

4-2-2 モバイル端末でダイレクトメッセージの相手を探す

iPhone Android ダイレクトメッセージを送る手順は次のとおりです。メッセージを送る手順はP.82「2-5 自分にダイレクトメッセージを送る」で紹介したものと同じですので、ここでのポイントは目的の相手を探すことです。

ステップ1

左サイドバーを開き、「ダイレクトメッセージ」カテゴリの中から相手を探してタップします。

メッセージの履歴と入力欄が表示されたら、ダイレクトメッセージを送受信できます。もしも目的の相手が見つからない場合は、次のステップへ進んでください。

ステップ2

相手が左サイドバーの「ダイレクトメッセージ」カテゴリにない場合は、「ダイレクトメッセージ」の見出しをタップします（⊕アイコンがありますが、見出しをタップしても同じです）。メンバーのリストが表示されたら、相手のアイコンをタップします。

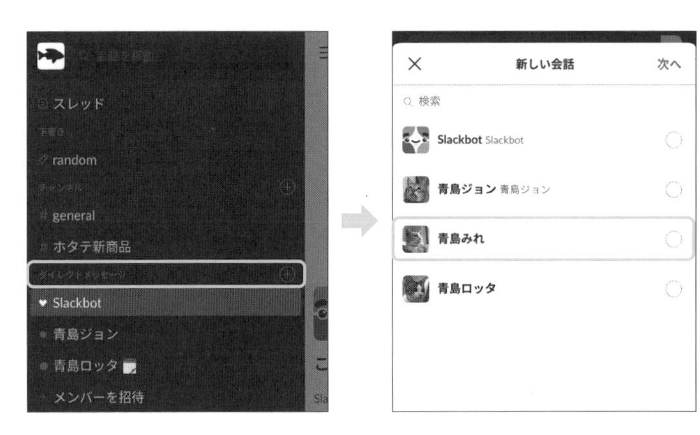

ステップ3

相手にチェックマークがつき、名前が画面の上のほうにも表示されます。メッセージを送るには、iPhoneでは画面右上にある「次へ」、Androidでは画面右上にある「開始」をタップします。

ステップ4

左サイドバーには「ダイレクトメッセージ」画面があり、やりとりした最後のメッセージの冒頭を一覧表示できます。左サイドバーの中で画面を移動するには、iPhoneでは左へスワイプ、Androidでは画面上部の▼をタップして切り替えます。

iPhone

Android

Ⓐ メンバーのリストの画面を開きます。

Ⓑ アイコンや文章をタップすると、相手とメッセージをやりとりする画面へ移ります。

4-2-3 複数の相手にダイレクトメッセージを送る

複数の相手を指定して同じダイレクトメッセージを送信できます。これを「グループダイレクトメッセージ」と呼びます。最大で8人まで指定できます。

送信相手を指定する方法は、個人へのダイレクトメッセージとほぼ同じです。送信先が初めての組み合わせ（グループ）のときは、メンバーのリストを表示して、相手を1人ずつ送信先に追加していきます。

1度送信または受信をすると、「ダイレクトメッセージ」のカテゴリにグループが表示されます。以後は個人を選ぶときと同じ手順でグループを選べます。

■「グループダイレクトメッセージ」

Windows Mac

Ⓐ メンバーリストの画面で相手のアイコンを1つずつクリックして送信先に追加します。

Ⓑ 「ダイレクトメッセージ」のカテゴリにグループが表示されます。

iPhone

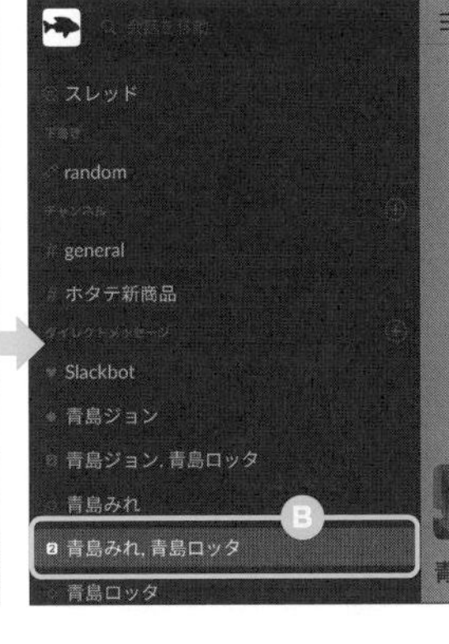

Android

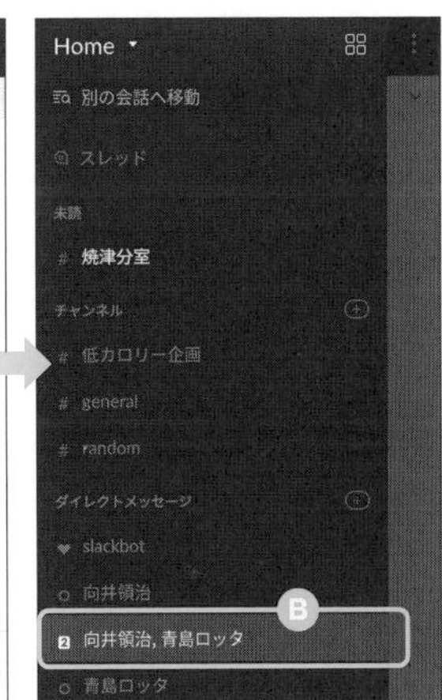

Ⓐ メンバーリストの画面で相手のアイコンを1つずつタップして送信先に追加します。

Ⓑ 「ダイレクトメッセージ」のカテゴリにグループが表示されます。

4-2-4 グループメッセージをプライベートチャンネルへ変換する

グループダイレクトメッセージは、プライベートチャンネルへ変換できます。このメンバーでの話し合いはまだ続きそうだと思ったら、速やかにチャンネルへ変換することをおすすめします。

グループダイレクトメッセージは最大8人までという制限がありますし、送信相手が増えると画面上で相手の一覧を確認するのが面倒になります。同じメンバーで話し合うことが多い場合でも、プライベートチャンネルを使えばチャンネルの名前を付けてテーマを明確にできますし、内容を分ければ後から振り返るときも簡単です。

この操作は、パソコンから行う必要があります。また、プライベートチャンネルを作成する権限を持っている必要があります。

ステップ1

グループダイレクトメッセージの画面を開き、上端にある歯車のアイコンをクリックし、メニューが開いたら「プライベートチャンネルに変換する…」を選びます。

ステップ2

確認の画面が表示されます。続行するには「はい、続行します」をクリックします。

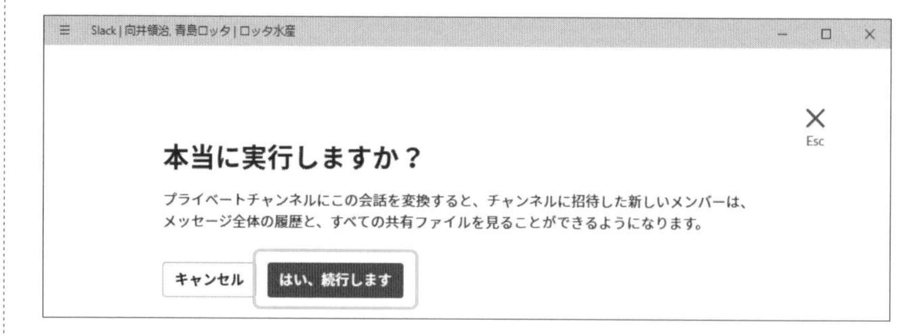

ステップ3

作成するチャンネルの名前を入力して、「プライベートチャンネルに変換する」をクリックします。

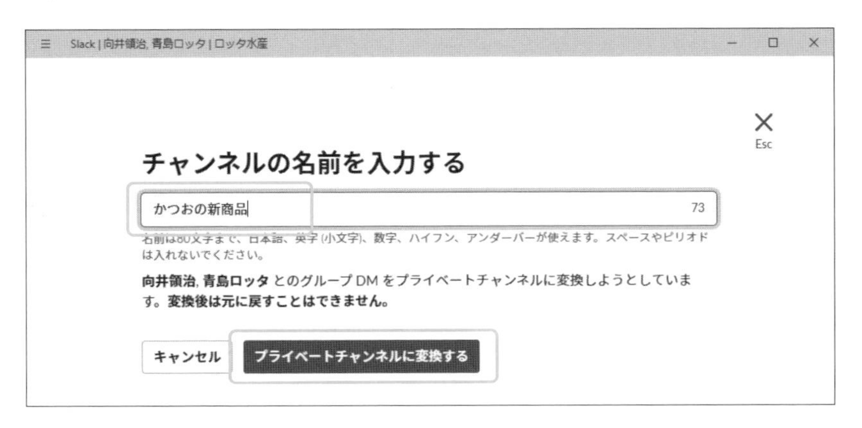

ステップ4

「チャンネル」のカテゴリに変換されたプライベートチャンネルが現れます。

それまでの内容は引きつがれますが、グループダイレクトメッセージの表示はなくなります。

● ● ● ● ● ●

● NOTE　プライベートチャンネルをグループダイレクトメッセージへ変換することはできません。

4-2-5 ビデオ・音声で通話する

同じワークスペース内のメンバーとビデオまたは音声で通話できます。それぞれ、カメラやマイクが必要です。通話料はかかりませんが、無料プランで通話できるのは1対1のみです。

確認のダイアログはなく、すぐに発信するので、あらかじめ相手のログイン状態やステータスを確かめるとよいでしょう。

また、発信した相手が不在の場合は「かけ直す」ボタン、自分が着信を逃した場合は「折り返し通話を発信」ボタンがついたメッセージが自動的に届くので、それらのボタンを使ってかけ直しや折り返しができます。

● NOTE　有料プランでは、最大15人のグループ通話や、画面共有が可能です。

Windows Mac 通話するには、画面左側の「ダイレクトメッセージ」カテゴリーで目的の相手を選び、画面上端にある受話器のアイコンをクリックします。

■通話する

Slack | 青島ロッタさんに通話を発信中 | 00:08
青島ロッタ
A B C D E

A マイクの状態（クリックで音声ミュートを切り替え）

B カメラの状態（クリックで画面ミュートを切り替え）

C 画面共有（有料プランのみ）

D 絵文字リアクション

E 通話を終了

F 通話結果をメッセージとして表示

iPhone 通話するには、左サイドバーの「ダイレクトメッセージ」カテゴリーで目的の相手を選び、画面上端にある相手の名前をタップして詳細を表示し、「に通話を発信する」をタップします。

■通話する

Android 通話するには、左サイドバーの「ダイレクトメッセージ」カテゴリーで目的の相手を選び、画面上方にある相手の名前をタップして詳細を表示し、「通話を発信する」をタップします。

■通話する

4-3 チャンネルを作る

複数人でテーマに沿って話し合う場所が「チャンネル」です。メンバーを限定したり、テーマを明示できるので、必要に応じて積極的に作成しましょう。チャンネルにはさまざまな設定ができるので、先にそれらを済ませてから、後でメンバーを追加することをおすすめします。

4-3-1 パソコンでチャンネルを作る

Windows Mac チャンネルを作る手順は次のとおりです。

ステップ1

アプリの基本画面の左側で、「チャンネル」カテゴリの見出しにある⊕をクリックします。

見出しをクリックした場合は、チャンネル一覧の画面が開きます。その場合でも「チャンネルを作成する」をクリックすれば次のステップへ移ります。

ステップ2

表示に従って入力・設定し、「作成」をクリックします。

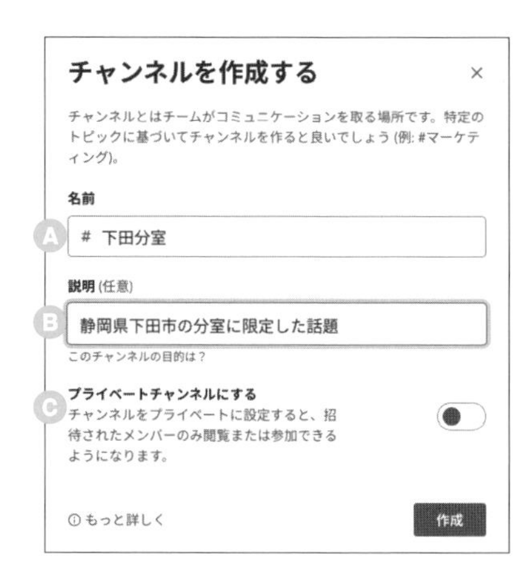

A「名前」：チャンネルの名前です。多くの画面で表示されるので、短くわかりやすいものにしましょう。補助の画面が表示されますが、いまは無視してください（P.237「4-3-3 チャンネル名のプレフィックスを決める」で紹介します）。

B「説明」：チャンネルの詳細画面で表示されます。空欄でもかまいませんが、テーマがはっきりしているのであれば書いておきましょう。

C 「プライベートチャンネルにする」:オフの場合はパブリックチャンネルになります。なお、初めにパブリックチャンネルとして作り、後からプライベートチャンネルへ変換することはできますが、その逆はできません。

ステップ3

「メンバーを追加する」画面では、「後でする」をクリックします。

メンバーを追加する手順はP.245「4-5-1 パソコンでチャンネルへメンバーを招待する」で紹介します。

ステップ4

「チャンネル」の見出しに新しいチャンネルが追加されたことを確かめます。

4-3-2 モバイル端末でチャンネルを作る

iPhone Android チャンネルを作る手順は次のとおりです。

ステップ1

左サイドバーを表示します。

ステップ2

「チャンネル」カテゴリの見出しにある⊕をタップします。

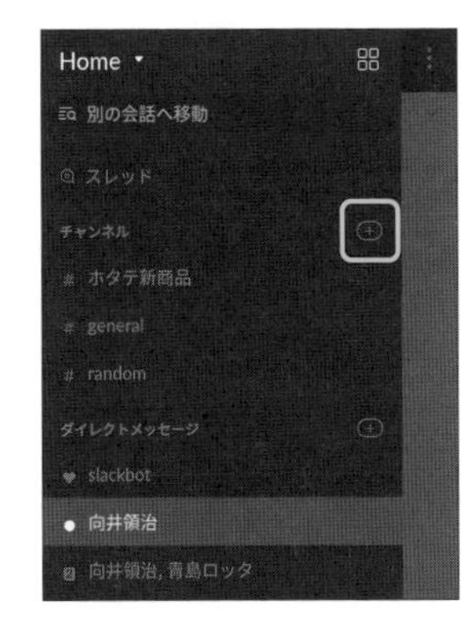

見出しをタップしても同じです。

ステップ3

チャンネル一覧の画面へ移ったら、iPhoneでは画面右上の「作成」、Androidでは画面右下の⊕をタップします。

Android

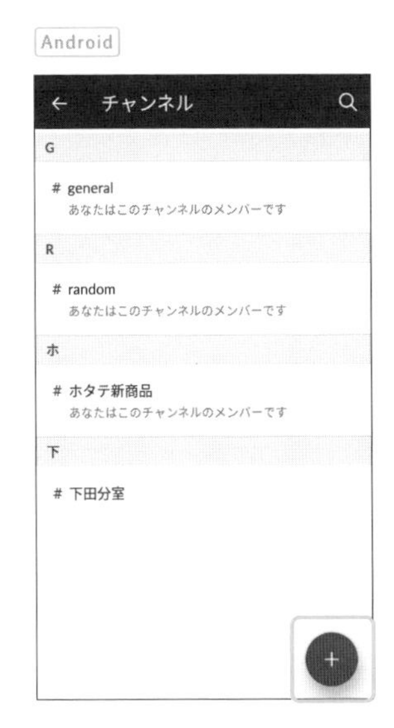

iPhone

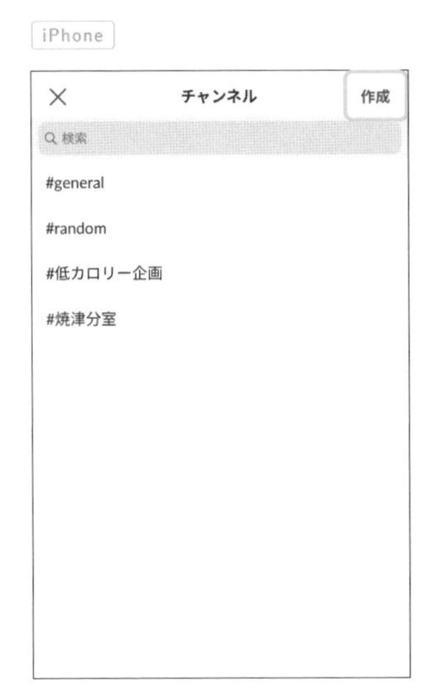

ステップ4

画面の表示に従って入力・設定し、画面右上の「作成」をタップします。

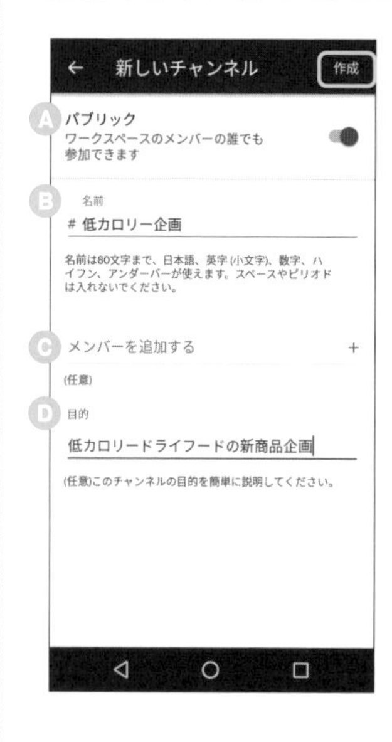

Ⓐ **「パブリック」**：このスイッチをオフにするとプライベートチャンネルになります。なお、初めにパブリックチャンネルとして作り、後からプライベートチャンネルへ変換することはできますが、その逆はできません。

Ⓑ **「名前」**：チャンネルの名前です。多くの画面で表示されるので、短くわかりやすいものにしましょう。

Ⓒ **「メンバーを追加する」**：Androidではこの画面でメンバーを招待できますが、ここでは空欄のままにしてください。また、iPhoneでは作成時にメンバーを追加できません。後でメンバーを追加する手順はP.247「4-5-2 モバイル端末でチャンネルへメンバーを招待する」で紹介します。

Ⓓ **「目的」**：チャンネルの詳細画面で表示されます。空欄でもかまいませんが、テーマがはっきりしているのであれば書いておきましょう。

ステップ5

新しいチャンネルが追加されたことを確かめます。

4-3-3 チャンネル名のプレフィックスを決める

Windows Mac 新しいチャンネルの名前を入力するときに補助の画面が表示されます。これは「プレフィックス」(接頭辞)と呼ばれるもので、先頭にテーマ別に特定の文字を入れることにより命名ルールをガイドするためのものです。チャンネルはフォルダで分けることができないので、名前で工夫する必要があります。

たとえば、新商品の企画を話し合うことが多く、関連したチャンネルが複数あるときは、先頭に「新商品-」と付けることにすると、個別のチャンネル名は「新商品-低カロリー」「新商品-まぐろ」のようにできます。このようなルールを作っておけば、「新商品(まぐろ)」「新:まぐろ」「まぐろの新商品」のような似た名前のチャンネルが乱立することを防ぐのに役立ちます。

プレフィックスは管理者以上の権限で変更できるので、ワークスペースの用途に応じて設定してください。無料プランでは6個まで、有料プランでは99個まで作成できます。

ただし、プレフィックスはあくまでも命名を補助するだけですので、まったく無視することもできます。また、モバイル端末でチャンネルを作成するときは表示されません。

プレフィックスを設定する手順は次のとおりです。

ステップ1

アプリでワークスペース名をクリックし、メニューが開いたら「Slackをカスタマイズ」を選びます。

ステップ2

Webブラウザへ切り替わったら、「チャンネル名のプレフィックス」カテゴリをクリックします。

ステップ3

「プレフィックスを追加する」をクリックします。

デフォルトで3つのプレフィックスが登録されていますが、各行の右端にある⊗をクリックして削除できます。

ステップ4

表示に従って入力し、「保存する」をクリックします。

Ⓐ「プレフィックス」：プレフィックスに使う語句を入力します。区切りに使うハイフンは自動的に追加されるので、入力する必要はありません。

Ⓑ「説明」：説明文を入力します。チャンネル作成時に表示されます。

ステップ5

登録されたことを確かめます。

ステップ6

チャンネルを作成する画面を開くと、「名前」欄をクリックしたときに表示されます。

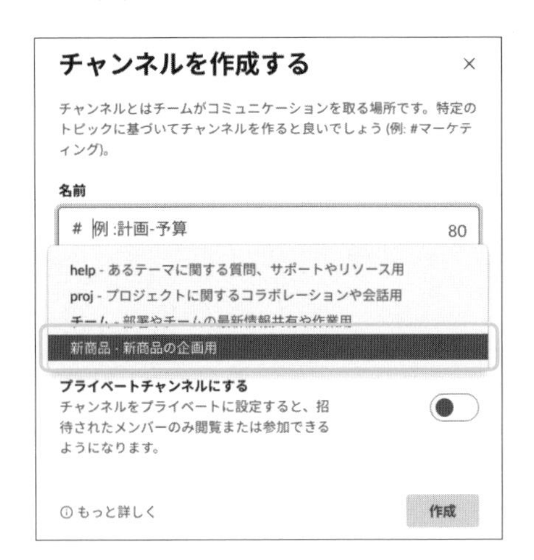

表示されないときは、右上の×をクリックしていったん閉じて、10秒程度待ってから操作してみてください。それでも表示されないときは、Windowsでは Ctrl + R キー、Macでは ⌘ + R キーを押して更新してから操作してみてください。

ステップ7

選択肢をクリックすると、プレフィックスと区切りのハイフンまでが自動的に入力されます。

4-4 チャンネルへ参加する

**ワークスペース内にあるチャンネルの一覧を調べられます。
また、まだ参加していないチャンネルも、
パブリックチャンネルであれば参加できます。
招待されていないプライベートチャンネルは表示されません。**

4-4-1 パソコンでチャンネル一覧を調べて参加する

Windows Mac チャンネル一覧を調べ、参加可能なチャンネルへ参加する手順は次のとおりです。

ステップ1

画面左側の「チャンネル」カテゴリの見出しをクリックします。

⊕をクリックするとチャンネルの追加になるので注意してください。

ステップ2

「チャンネルをブラウズ」画面に、チャンネルの一覧が表示されます。未参加のチャンネルへ参加するには、チャンネル名をクリックします。

Ⓐ「表示」「並べ替え」:一覧の絞り込みと並べ替えを行います。

Ⓑ「参加可能なチャンネル」:参加は可能であるものの、未参加のチャンネルの一覧です。

Ⓒ「あなたが参加しているチャンネル」:すでに参加済みのチャンネルの一覧です。

ステップ3

未参加のチャンネルを選ぶと、プレビューとして表示します。続けてこのチャンネルへ参加するには「チャンネルに参加する」をクリックします。

ステップ4

参加したことが自動的にメッセージで伝えられます。

4-4-2 モバイル端末でチャンネル一覧を調べる

iPhone Android チャンネル一覧を調べ、参加可能なチャンネルへ参加する手順は次のとおりです。

ステップ1

左サイドバーを表示します。

ステップ2

「チャンネル」カテゴリーの見出しをタップします。一覧が表示されたら、目的のチャンネルをタップします。

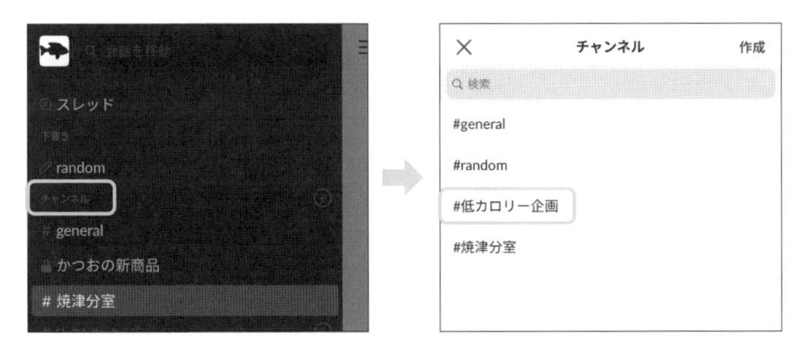

ステップ3

未参加のチャンネルを選ぶと、プレビューとして表示します。続けてこのチャンネルへ参加するには「チャンネルに参加」をタップします。参加したことが自動的にメッセージで伝えられます。

4-5 チャンネルへメンバーを招待する

チャンネルを作ったら、コラボレーションしたいメンバーを招待しましょう。追加のメンバーはいつでも招待できます。なお、チャンネルを作成した本人は自動的に参加しています。

4-5-1 パソコンでチャンネルへメンバーを招待する

Windows Mac チャンネルへメンバーを招待し、メンバーを確認する手順は次のとおりです。

ステップ1

アプリの左側のメニューから、目的のチャンネルをクリックします。

別のチャンネルで操作しないよう注意してください。

ステップ2

チャンネル内容の画面上端にある歯車のアイコンをクリックし、メニューが開いたら「チャンネルにメンバーを追加する」を選びます。

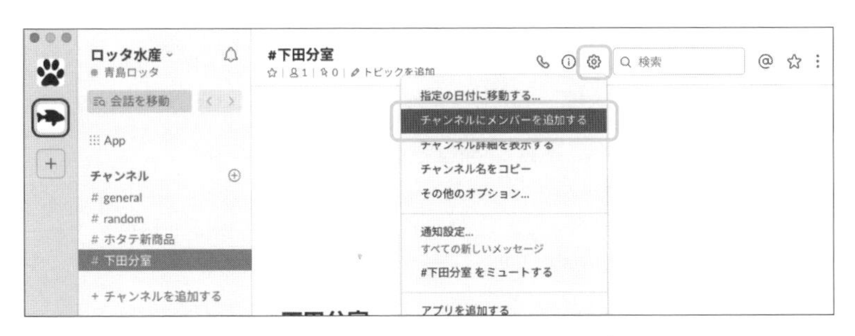

ステップ3

「メンバーを追加する」画面が開いたら、入力欄をクリックします。招待したいメンバーの名前を入力して検索し、クリックして選択します。

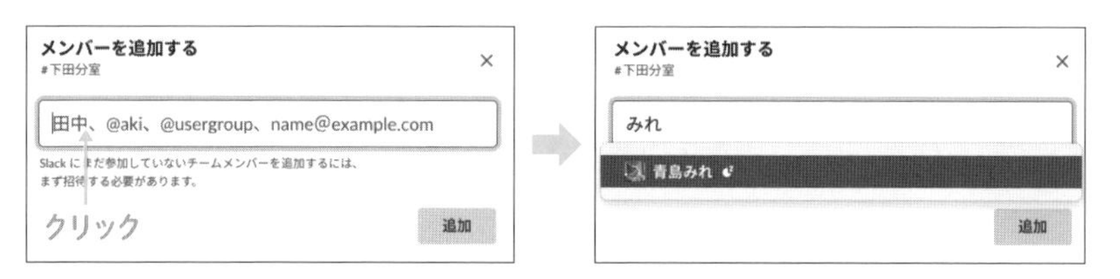

部分的にでも一致すれば候補に表示されます。

ステップ4

必要に応じてメンバー選択を繰り返します。完了するには「追加」をクリックします。

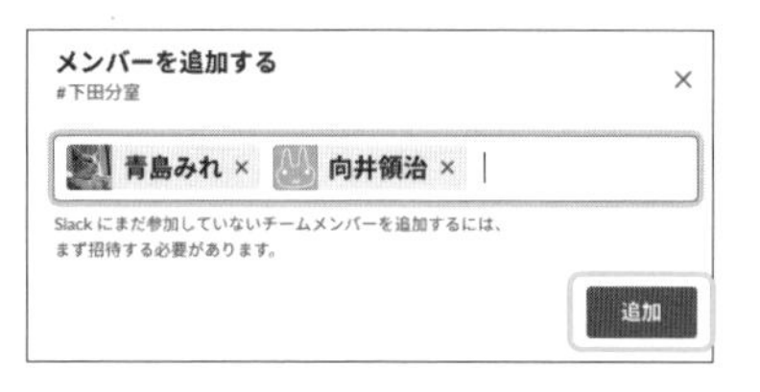

ステップ5

チャンネル内容画面の上端にある人のシルエットのアイコンをクリックします。

このアイコンに添えられた数字は参加メンバー数を示します。

ステップ6

「このチャンネルについて」画面が開き、メンバー一覧が表示されます。

4-5-2 モバイル端末でチャンネルへメンバーを招待する

iPhone Android チャンネルへメンバーを招待し、メンバーを確認する手順は次のとおりです。

ステップ1

左サイドバーを開き、目的のチャンネルをタップします。

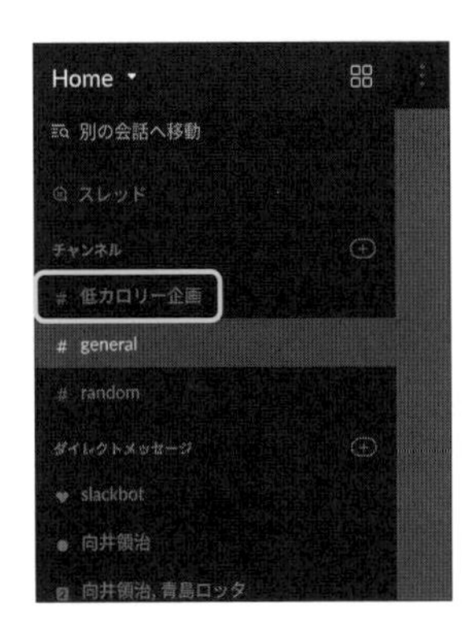

別のチャンネルで操作しないよう注意してください。

ステップ2

画面上部にあるチャンネル名をタップします。

iPhone

Android

ステップ3

「メンバーを追加する」をタップします。「メンバーを追加する」画面が開いたら、招待したいメンバーの名前を検索するか、タップして選びます。

ステップ4

チェックマークがつき、画面上方に名前が入力されます。必要に応じてメンバー選択を繰り返します。完了するには、画面右上にある、iPhoneでは「招待」、Androidでは「完了」をタップします。

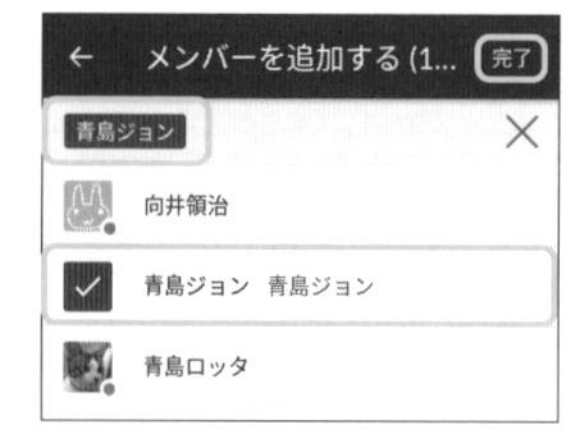

ステップ5

参加メンバーを確かめましょう。「メンバーリスト」をタップすると、メンバー一覧が表示されます。

括弧内の数字は参加メンバー数を示します。

4-5-3 チャンネルへ招待されると

チャンネルへ招待されるとメッセージが届き、そのチャンネルを選んでメッセージを送受信できるようになります。参加する手続きは不要です。ここでは便宜的に「招待」と表しましたが、実際にはチャンネルへの「追加」ですので、退室しないかぎり参加したことになります。

■チャンネルへ招待されると選ぶだけですぐに参加できる

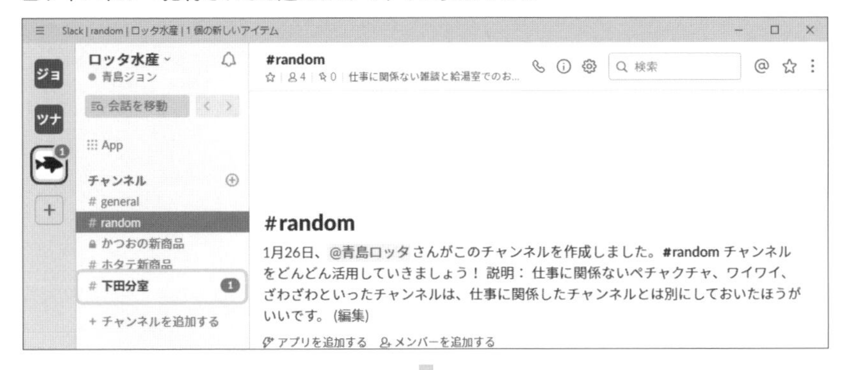

4-5-4 特定のメンバーをチャンネルから外す

Windows Mac あるチャンネルから特定のメンバーを外すことができます。この操作を「メンバーの削除」と呼びます。メンバーを削除できるのは、デフォルトでは、パブリックチャンネルでは管理者以上、プライベートチャンネルではゲスト以外の全員とされています。

ステップ1

アプリで目的のチャンネルを開き、画面上方にある人のシルエットのアイコンをクリックします。

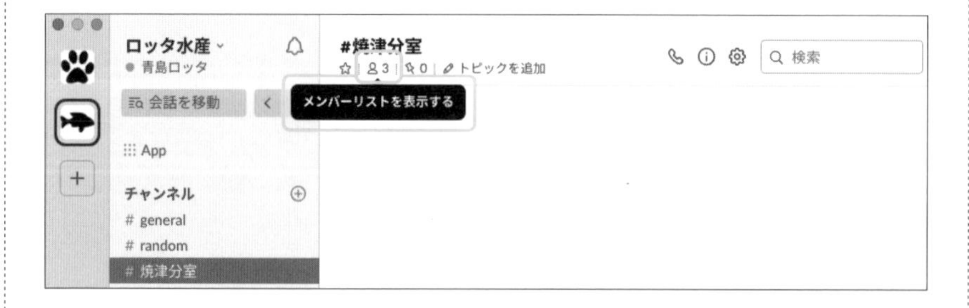

ステップ2

ウインドウ右側に開いた「このチャンネルについて」の中にあるメンバー一覧から、外したいメンバーをクリックします。

ステップ3

プロフィール画面の末尾にある「（チャンネル名）から削除する」をクリックすると、確認画面が表示されます。削除するには「Yes, remove them」をクリックします。

ステップ4

メンバー一覧から目的の相手が削除されます。

表示が変わらないときは、いったん「このチャンネルについて」の表示を閉じて、メンバー一覧を表示し直してください。

4-5-5 自分からチャンネルを退出する

自分からチャンネルを退出できます。コマンドはあまり使わない位置にありますが、確認画面などはなくすぐに退出するので注意してください。

もしも操作ミスで退出した場合は、本節で紹介した手順で再度参加してください。パブリックチャンネルからプライベートチャンネルへ変換された上で自分がメンバーから外されるなどしなければ、参加は可能です。

Windows Mac 目的のチャンネルを開き、画面上端にある歯車のアイコンをクリックし、メニューが開いたら「(チャンネル名)を退出する」を選びます。

■チャンネルを退出する

iPhone 左サイドバーを開いて目的のチャンネルを開き、画面上端に表示されているチャンネル名をタップし、メニューの末尾にある「チャンネルから退出する」をタップします。

■チャンネルを退出する

Android 左サイドバーを開いて目的のチャンネルを開き、画面上端または上方に表示されているチャンネル名をタップし、「退出する」をタップします。

■チャンネルを退出する

4-6 メッセージに対応する

**個別のメッセージに対応する
さまざまな方法をまとめて紹介します。
通常はそのまま返事を送信して会話をつなげていきますが、
それ以外にもさまざまな対応方法があります。**

4-6-1 パソコンでメッセージに対応する

Windows Mac 特定のメッセージに対応するには、目的のメッセージにポインタを重ね、メッセージの右上に現れたボタンから操作します。それぞれの機能は本節の中で順次紹介します。

■メッセージに対応するさまざまな方法

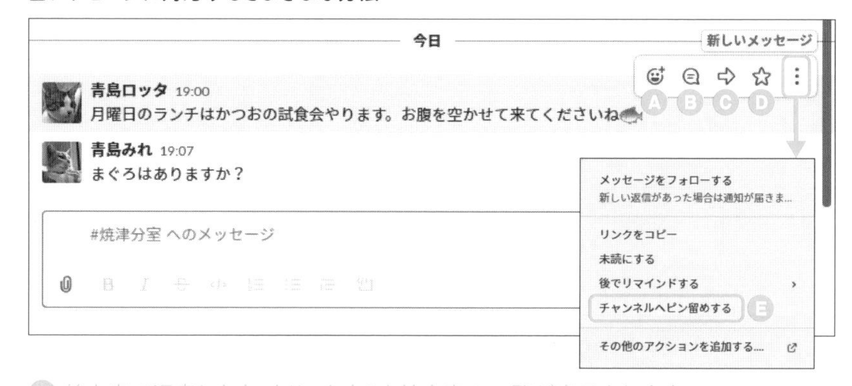

A 絵文字で返事します。クリックすると絵文字の一覧が表示されます。

B スレッドを開始します。

C 共有します。

D スターを付けます。

E チャンネルへピン留めします。

4-6-2 モバイル端末でメッセージに対応する

iPhone Android 特定のメッセージに対応するには、目的のメッセージを長押しし、画面下から現れるメニューから操作を選びます。状況によっては、すべてのコマンドを表示するには上へスワイプしてメニューを引き出す必要があります。それぞれの機能は本節の中で順次紹介します。

■メッセージに対応するさまざまな方法

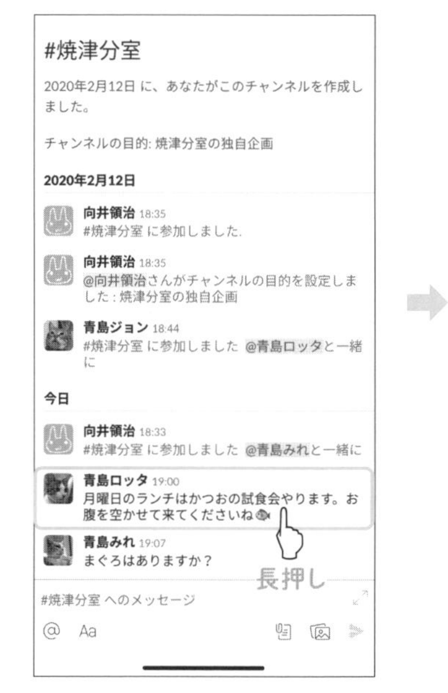

Ⓐ 絵文字でリアクションします。この画面にない絵文字を使うには、右端のアイコンをタップして一覧から選びます。

Ⓑ スレッドを開始します。

Ⓒ 共有します。

Ⓓ スターを付けます。

Ⓔ チャンネルへピン留めします（Androidでは「会話にピン留めする」）

4-6-3 絵文字だけで対応する

特定のメッセージに対して、絵文字1つを使って簡単に返事することができます。この機能は「絵文字リアクション」と呼ばれます。使い方は絵文字と同じですが、返事が元のメッセージに含まれるため履歴がコンパクトになります。

■「絵文字リアクション」

A リアクションを送ったメンバーの数が絵文字ごとにまとめて表示されます。

B このアイコンをクリックしても絵文字リアクションを送信できます。先に誰かが絵文字リアクションを送ると表示されるので、1人が反応するとほかの人も続けて反応しやすくなります。

いったん送信した絵文字リアクションを取り消すには、自分が送った絵文字を再度選びます。

パソコンでは、絵文字にポインタを重ねると、リアクションを送ったメンバーの一覧が表示されます。一方モバイル端末では、絵文字ごとの人数は表示されますが、他人が送ったメッセージに対して誰が対応したかを調べる方法はありません。ただし、自分が送ったメッセージへの反応は「アクティビティ」として調べられます（詳細はP.275「4-7-9 注目すべきリアクションの一覧を調べる」を参照）。

● NOTE　Slackでは、特定のメッセージに対する既読・未読を調べられないので、読んだことを簡単に示す目的で使うことが多くあります。ただし、モバイル端末ではリアクションしたメンバーの一覧が簡単に分からないので、モバイル端末を重視したり、誰が読んだのかを明確にする必要がある場合は、「了解しました」「OKです」などの単純な返事はスレッドで返信するほうがよいかもしれません（詳細は次項「4-6-4 スレッドに分ける」を参照）。

4-6-4 スレッドに分ける

特定のメッセージから会話を分岐させつつ、会話を続けることができます。この機能を「スレッド」と呼びます。スレッドを開始すると通常とは別の場所で画面が開きます。

スレッドがあることは、元になったメッセージに添えられる「○件の返信」の表示で示されます。あとからスレッドの画面を開くには、「○件の返信」のリンクをクリックします。

Windows Mac パソコンでスレッドを開くには、元のメッセージをクリックする

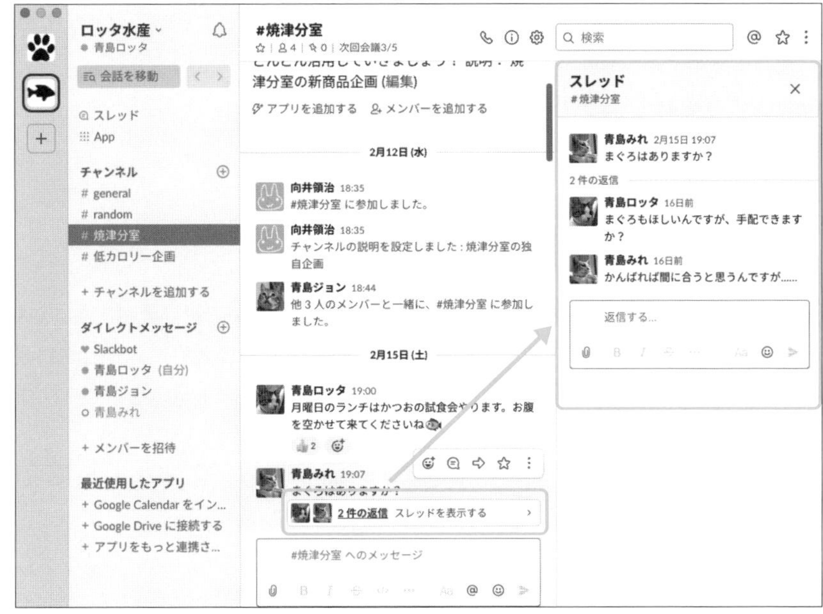

iPhone Android モバイル端末でスレッドを開くには、元のメッセージをタップする

通常の会話として続けるか、スレッドとして分けた上で続けるか、使い分けは難しいところです。スレッドを開くにはユーザーに操作してもらう必要がありますし、後から返事があると返信件数が増えたことは表示されますが気づきにくいため、埋もれてしまいがちです。ただし、スレッドとして分けておくと、あとから特定の話題を振り返るときに便利です。

スレッドで返信するときは「以下にも投稿する：（チャンネル名）」のオプションが表示されます。これをオンにすると、スレッドと元の流れの両方に送られるので、見落とすおそれがなく、かつ、まとめて振り返るときにも便利です。チャンネルで扱う話題やメンバーの使い方などに応じて、スレッドへ分けるルールを決めるなどの方法を検討するとよいでしょう。

4-6-5 スターを付ける

特定のメッセージや写真などに自分用のマークを付けて、目立たせておくことができます。この機能を「スター」と呼びます。多くのサービスで用意されている「お気に入り」と同じです。スターを付けたことは自分にしかわからないので、自分の都合に合わせて使うことができます。

一度付けたスターを外すには、付けるときと同じ操作を繰り返します。画面の表示は「スターを外す」になります。

具体的な用途は決まっていないので、使い方はワークスペースの目的などに合わせて考えてください。たとえば、上司から何か依頼を受けたときにスターを付けて、対応が終わったらスターを外していくと、ToDoリストとして使えます。

■ Windows Mac スターを付けた状態（「スター付きアイテムに追加されました」と表示される）

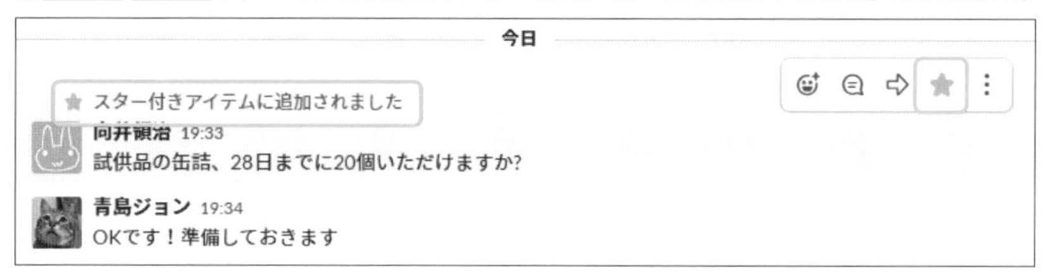

■ iPhone Android スターを付けた状態（「スター付き」と表示される）

スターを付けたアイテムは、一覧で確認できます。この表示はワークスペースごとにまとめられるので、異なるチャンネルやダイレクトメッセージなどで付けられていても区別されません。

Windows Mac スターを付けたアイテムの一覧を表示するには、画面右上のスターのアイコンをクリックします。一覧で目的のアイテムにポインタを重ねると、ボタン類が表示されます。

■スター付きアイテムの一覧を確かめる

A クリックして一覧を表示します。
C スターを外します。
B アイテムの元の場所を表示します。

iPhone Android スターを付けたアイテムの一覧を表示するには、右サイドバーを開いてから「スター付きアイテム」をタップします。一覧でいずれかのアイテムをタップすると、元の場所を表示します。スターを外すには、目的のメッセージをタップして、元の場所で表示されたら長押しし、表示されたメニューから「スターを外す」をタップします。

■スター付きアイテムの一覧を確かめる

4-6-6 ピンで留める

特定のメッセージや写真などにマークを付けて、メンバー全員に対して目立たせておくことができます。この機能を「ピン留め」と呼びます。スターは付けた本人だけのものでしたが、ピン留めはチャンネルやダイレクトメッセージの相手など、参加者全員に影響する点に注意してください。また、自分がピン留めしても、ほかのメンバーがピン留めを外すことができます。

ピン留めを外すには、ピン留めするときと同じ操作を繰り返します。画面の表示は「ピンを外す」になります。

具体的な用途は決まっていないので、使い方はワークスペースの目的などに合わせて考えてください。たとえば、そのチャンネルの参加者全員に関係する情報をピン留めするとよいでしょう。

Windows Mac ピン留めした状態

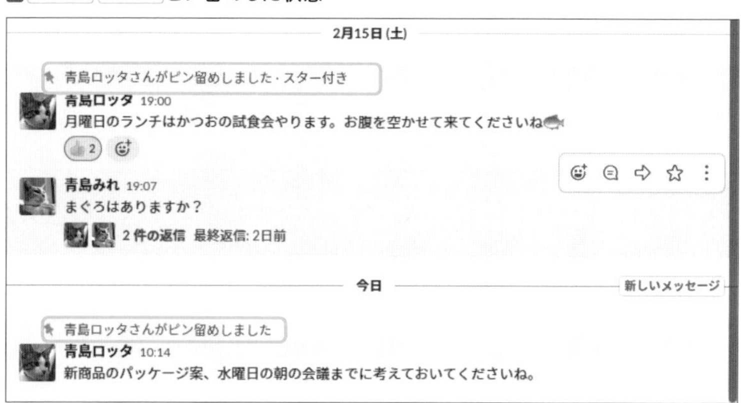

iPhone Android ピン留めした状態

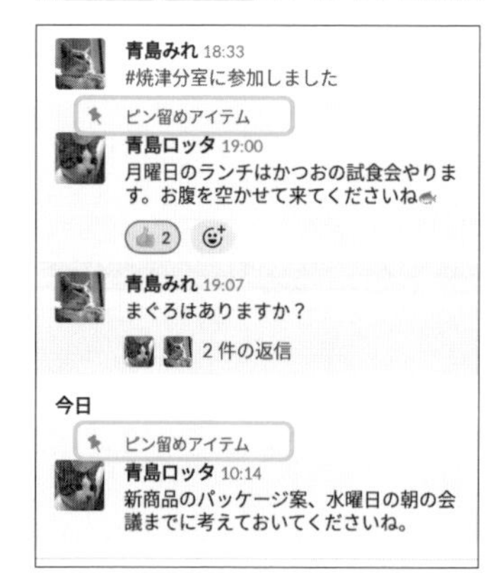

ピン留めしたアイテムは、一覧で確認できます。この表示はチャンネルごと、またはダイレクトメッセージの相手ごとにまとめられるので、まずその画面へ切り替えてから以下の通りに操作します。ほかのチャンネルなどでピン留めされたアイテムは表示されないので注意してください。

Windows Mac ピン留めしたアイテムの一覧を表示するには、画面の上方にあるピンのアイコンをクリックします。

■ピン留めされたアイテムの一覧を確かめる

A クリックして一覧を表示します。
B ピンを外します。

ピンを外すときは確認の画面が表示されます。続行するには「ピン留めしたアイテムを外す」をクリックします。

■ピンを外すときの確認画面

iPhone ピン留めしたアイテムの一覧を表示するには、画面上端にあるチャンネル名またはダイレクトメッセージの相手名などをタップし、画面が移動したら「ピン留めアイテム」をタップします。

■ピン留めされたアイテムの一覧を確かめる

Android ピン留めしたアイテムの一覧を表示するには、ワークスペース名の下にあるチャンネル名またはダイレクトメッセージの相手名などをタップし、画面が移動したら上へスワイプします。

■ピン留めされたアイテムの一覧を確かめる

iPhone Android ピンを外すには、目的のメッセージなどをタップし、右下の⋮をタップして、「(〜から)ピンを外す」を選びます。コマンドの表記はアイテムとOSの種類によって異なります。

■ピンを外す

All ピン留めは、ピン留めした当人以外のメンバーでも外すことができます。そのとき、ピン留めした当人へSlackbotがメッセージを送ります。

■自分が設定したピン留めが外されたことを知らせるメッセージ

4-7 通知の設定を変える

**一般的なメッセージアプリと同様に、
メッセージが届くと通知されます。
通知するチャンネルや相手はいつでも細かく設定できます。
もちろん誰にも通知設定はわからないので、
ログイン状態やステータスもあわせて設定してください。**

4-7-1 通知について

SNSやチャットアプリと同様に、Slackでも新しいメッセージが届いたときなどにユーザーへ通知します。通知機能自体はすでに広く使われているものですので、本書ではSlack特有機能の主要部分を紹介します。

Slackの通知には大きく分けて、強い通知と弱い通知があります。強い通知が行われるのは、自分がとくに宛先として指定されているメッセージが届いたときなどです。弱い通知が行われるのは、参加しているチャンネルで新着のメッセージがあるものの、自分は宛先としてとくに指定されていない場合などです。つまり、自分が指定される強さで区別されます。

通知方法も異なります。強い通知では、サウンドを鳴らしたり、ディスプレイに一時的なバナーを表示したり、アプリのアイコンに件数を表示したりして、ユーザーの注意を促します。弱い通知では、チャンネルの名前を太字にしたり、アプリやワークスペースのアイコンに数字のない丸を添えたりして、控え目に知らせます。

All ごく簡単にまとめると、数字が表示されているときは、速やかに対応すべきメッセージがあることを示します。数字は表示されていないが強調されているときは、特別に急ぐ必要はないものの、新しいメッセージがあることを示します。

■パソコンでのアプリ内通知の例

Ⓐ 件数を示す数字を添えることで、強い通知を示します。

Ⓑ 数字のない丸を添えたり、文字を太くするなどして、弱い通知を示します。

Windows Mac 強い通知があると、WindowsのタスクバーやMacのDockで、アプリのアイコンに数字を添えて件数を示します。弱い通知では数字のない丸を添えます。

■アプリのアイコンに添えられた件数

● NOTE　Windows タスクバーの中にある通知領域のSlackアイコンにも、通知状態が示されます。赤い丸が添えられているときは強い通知、青い丸が添えられているときは弱い通知を示します。

iPhone Android 未読のものがあると左サイドバーで「未読」のカテゴリーに分けられます。また、全般的に強い通知と弱い通知の区別は明確ではなく、同じワークスペースへサインインしていても、OSやバージョンなどさまざまな要因によって通知方法が異なる場合があります。

■モバイル端末でのアプリ内通知の例

Ⓐ 件数を示す数字を添えることで、強い通知を示します。

Ⓑ 文字を太くして、弱い通知を示します。

4-7-2 パソコンで基本的な通知の設定を変える

Windows Mac 基本的な通知の設定を変えるには、ワークスペース名をクリックし、メニューが開いたら「環境設定」をクリックします。ほとんどの項目は共通ですが、OSに特有の設定項目もあります。

■ワークスペース名をクリックしてメニューから「環境設定」を選択

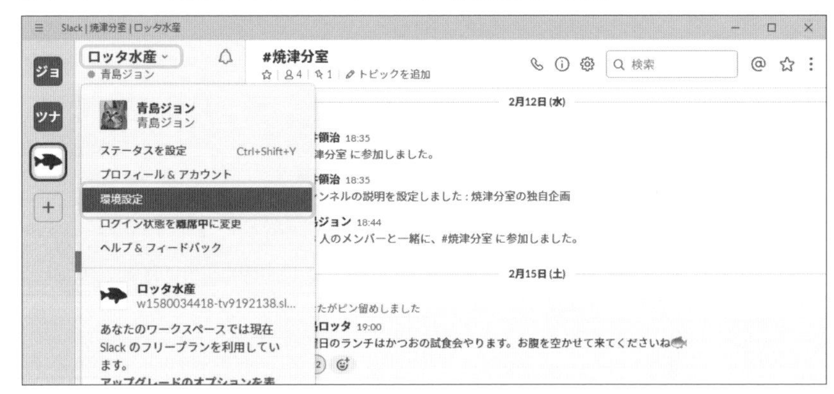

■環境設定の「通知」

4-7-3 モバイル端末で基本的な通知の設定を変える

iPhone Android 基本的な通知の設定を変えるには、右サイドバーを開き、「設定」→「通知」の順にタップします。メニューの見栄えは異なる点が多くありますが、主要なコマンドは共通です。

■ iPhone 設定の「通知」

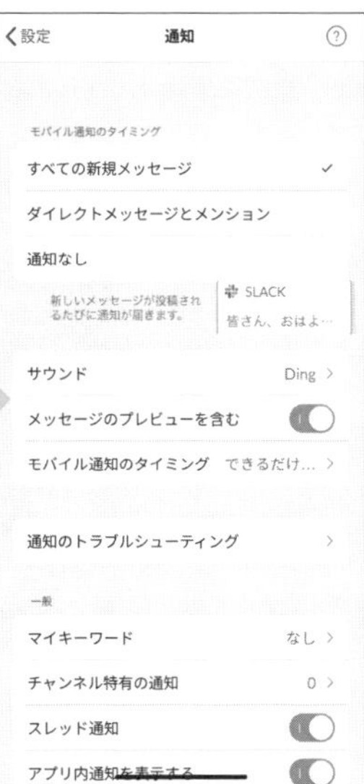

■ Android 設定の「通知」

4-7-4 パソコンとモバイル端末で別の設定をする

デフォルトでは、モバイル端末へ通知が送られるのは、パソコンで非アクティブのときに限られます。つまり、パソコンとモバイル端末の両方を使っている場合は、パソコンのほうが優先的に扱われます。

通知の基本設定はパソコンとモバイル端末で共通です。あえて設定を変えたい場合は、パソコンの環境設定を開き、「モバイル端末に別の設定を使用する」をオンに設定し、対象とするアイテムを選択します。

■「モバイル端末に別の設定を使用する」

4-7-5 通知のタイミングを変える

Slackでは、次のようなときに通知を行います。

- 参加しているチャンネルに新しいメッセージが届いたとき
- フォローしているスレッドへ返信があったとき
- 自分へのダイレクトメッセージが届いたとき
- 自分がメンションされたとき(詳細はP.271「4-7-7 相手の注意を引く」を参照)
- 自分が参加しているチャンネル全体宛のメッセージが届いたとき(詳細はP.271「4-7-7 相手の注意を引く」を参照)
- 「マイキーワード」に登録した言葉を誰かが使ったとき(詳細はP.273「4-7-8 注意したいキーワードを登録する」を参照)
- リマインダーに設定した時刻になったとき(詳細はP.112「2-10 リマインダーを使う」を参照)

自分のアプリに対しても通知方法を設定できるため、実際の方法はさまざまですが、音を鳴らす、アプリのアイコンに赤色のマークを付ける、チャンネルやダイレクトメッセージの一覧に件数を表示するなどの方法を使って注意を促します。

これらの設定はワークスペースごとに変えられます。複数のワークスペースへ参加するようになってきたら、ワークスペースの重要度や活発度に応じて、通知のタイミングを減らしたり、通知音を変えたりするとよいでしょう。

All 環境設定にある「通知のタイミング」は、通知の基本的な設定です。次の3種類から選べます(次ページ参照)。

■「通知のタイミング」

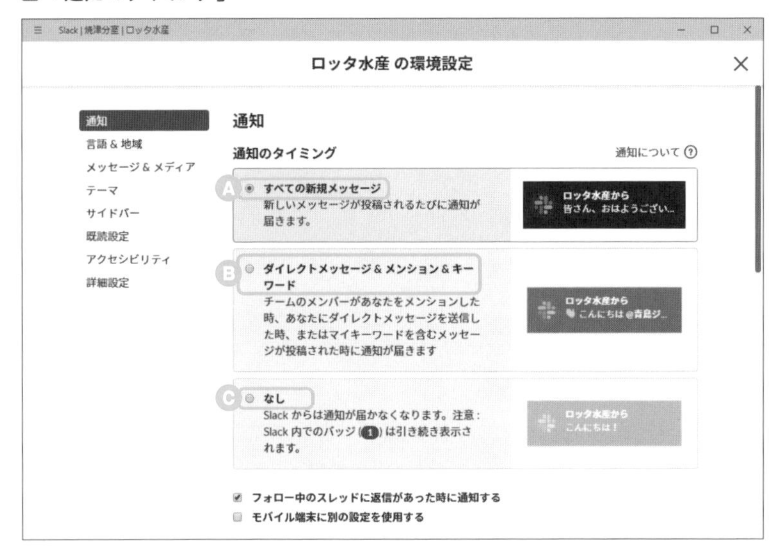

Ⓐ「すべての新規メッセージ」:直接自分が指定されていなくても、参加しているチャンネルなどにメッセージが届いた場合に通知されます。デフォルトで選ばれています。とくに変更する必要がなければ、これを選ぶのがよいでしょう。

Ⓑ「ダイレクトメッセージ&メンション&キーワード」:通知のタイミングを、選択肢にある3種類に限定します。これらはつまり、宛先に自分が指定されたものと、自分から必要と指定したものに限定するということです。指定した3種類以外は通知件数にも表示されませんが、新着メッセージがあるとチャンネル名を太字にするなど、控え目な表示になります。メッセージの数が多く、通知が煩雑な場合に選ぶとよいでしょう。

Ⓒ「なし」:一切通知されなくなります。ただし、新着件数などを示すバッジは表示されます。対応が多少遅くなっても、自分に直接関係するメッセージにだけ対応すればよい場合に選ぶとよいでしょう。

4-7-6 メールによる通知の頻度を減らす、止める

Windows Mac 環境によっては、Slackからの通知がメールで届く場合があります。デフォルトでは、モバイル端末で通知を有効にしないでいると、パソコンでアクティブな状態でないときにメンションされたり、ダイレクトメッセージが届いたときに、メールで通知されます。頻度はリアルタイムではなく、15分に1回です。

メールによる通知は、頻度を減らしたり、止めることができます。これには、環境設定の通知カテゴリの末尾にある「メンションやダイレクトメッセージに関するメール通知を受信する」オプションを設定します。

■メールによる通知の設定

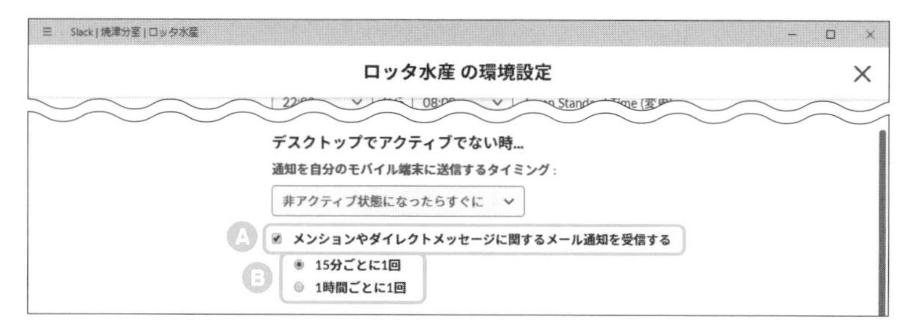

A メールによる通知を止めるにはオフにします。
B メールによる通知の頻度を変更します。

4-7-7 相手の注意を引く

新しいメッセージが届いたことは、基本的には画面表示や音で通知されますが、読んでほしい相手は通知方法を控え目なものにしている可能性もあります。ほかのメンバーがどのような設定をしているか調べる方法はありませんが、とくに相手の注意を引きたい場合は、「メンション」という方法で相手を指定すると、より強い方法でメッセージを送れます。

メンションを使うには、メッセージの中に「@相手名」の書式で相手を指定します。

Windows Mac iPhone メンションの相手を選ぶには、メッセージの入力欄にある@アイコンをクリックするとメンバー一覧が表示されるので、そこから選ぶのが便利です。相手が複数の場合は、同じ操作を繰り返します。

■Windows Mac「メンション」

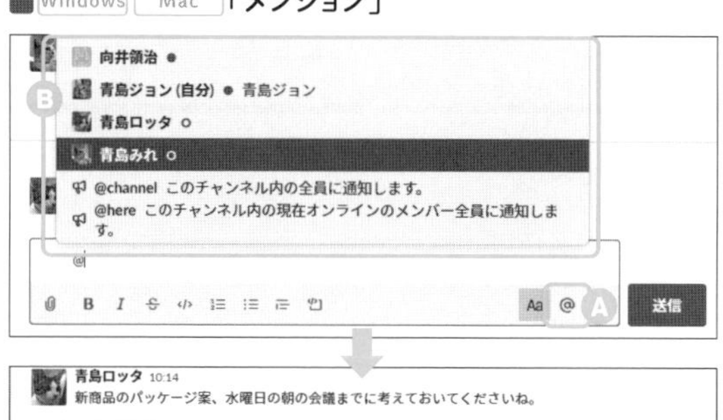

A クリックしてメンバー一覧を表示します。
B 一覧から相手を選べます。

iPhone 「メンション」

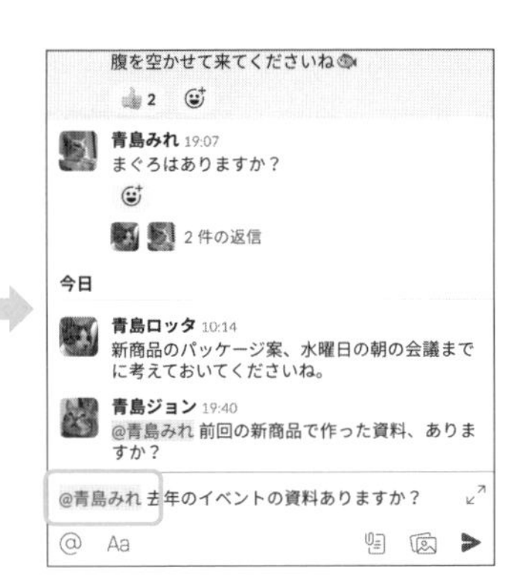

A タップしてメンバー一覧を表示します。

B 一覧から相手を選べます。

Android メンションの相手を選ぶには、メッセージの入力欄にある@をタップして、相手の名前を入力します。先頭の文字を入れるだけで絞り込み表示されます。次回からは、@をタップするだけで、1度メンションした相手が候補として表示されます。はじめてメンションする相手は手入力する必要がある点に注意してください。

Android 「メンション」

A 最初にタップします。

B @に続けて文字を入力すると絞り込んだ状態で表示されます。

C 名前とメッセージ本文との間にスペースを入れる必要はありません。

D 1度メンションした相手は、次回から@を入力するだけで候補に表示されます。

All 通知を切ってしまうこともできるので、メンションしても必ず相手にすぐ通知されるとは限りません。実際には、単なる呼びかけとして使うほうがよいでしょう。

　また、メンションを使うとメンバーの呼び方が統一できるので、あとから検索しやすいという利点があります。実際には同じメンバーを指していても、人によって「青島部長」「青島さん」「ロッタさん」「あおちゃん」のようにバラバラの呼び方をしていると検索できなくなります。

● NOTE　メンションにはほかにも、チャンネルに参加している全員を対象にする「@channel」、現在オンラインのメンバーを対象にする「@here」、#generalのように全員参加しているチャンネルでメンバー全員を対象にする「@everyone」があります。これらのメンションは煩雑になりやすいので、乱発しないように注意してください。

　なお、チャンネルに参加していないメンバーをメンションした場合は、Slackbotから案内のメッセージが表示されます。

■チャンネル未参加のメンバーをメンションした場合

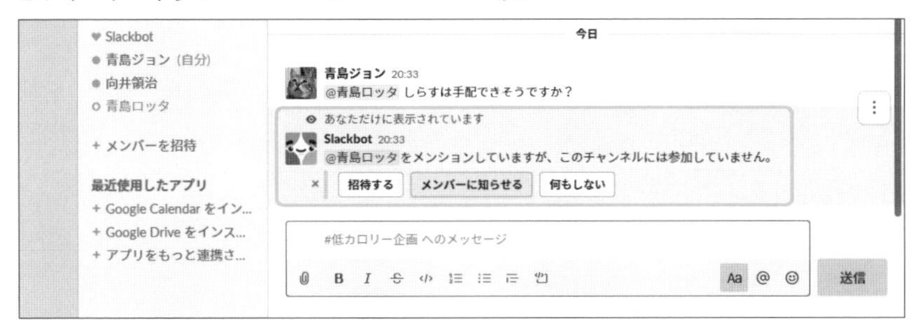

4-7-8 注意したいキーワードを登録する

　あらかじめキーワードを登録しておくと、誰かがそのキーワードを含んだメッセージを送ったときに通知されます。この設定を「マイキーワード」と呼びます。マイキーワードは複数登録できます。ミュートしているチャンネルでも未読件数として数えられます。ただし、パブリックチャンネルであっても自分が参加していなければ通知されません。

Windows Mac マイキーワードを登録するには、環境設定の「通知」カテゴリーを開き、「マイキーワード」の欄に入力します。複数登録するときは、半角のカンマで区切ります（実際には全角の読点「、」でもよいようですが、念のために画面のガイドに従っておくほうがよいでしょう）。

■「マイキーワード」

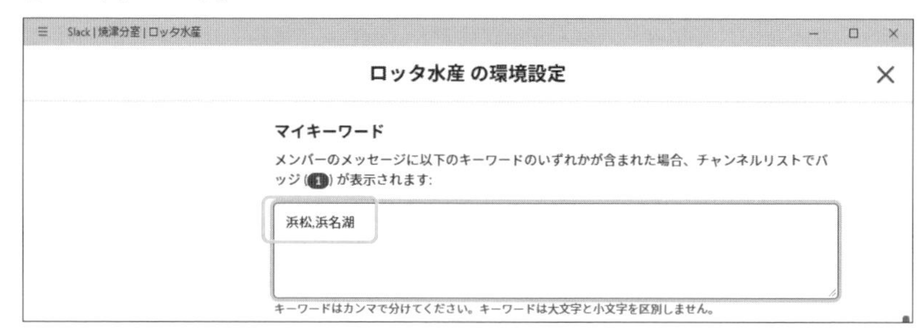

iPhone Android マイキーワードを登録するには、右サイドバーを開き、「設定」→「通知」カテゴリを選び、「マイキーワード」をタップして入力します。複数登録するときは、半角のカンマで区切ります（実際には全角の読点「、」でもよいようですが、念のために画面のガイドに従っておくほうがよいでしょう）。

■「マイキーワード」

All メッセージ中のキーワードはハイライト表示されます。また、まとめて確認するには「アクティビティ」を使います（詳細はP.275「4-7-9 注目すべきリアクションの一覧を調べる」を参照）。

■メッセージ中のキーワードがハイライトされる

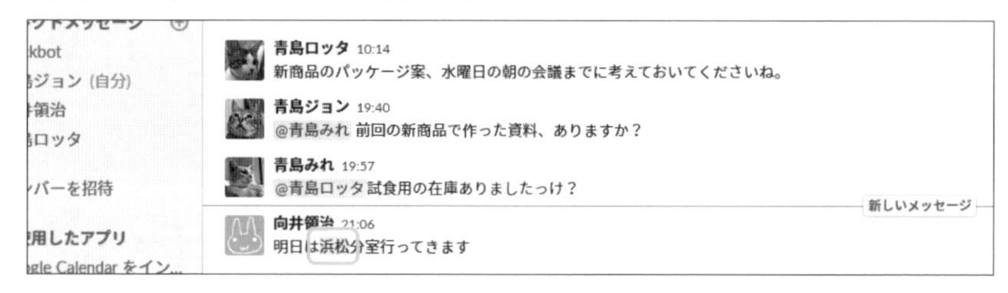

4-7-9 注目すべきリアクションの一覧を調べる

メンバーからの注目すべきリアクションを、ワークスペースごとにまとめて一覧で表示できます。この機能を「アクティビティ」といいます。具体的には、自分あてのメンション、マイキーワードを含むメッセージ、自分のメッセージに送られた絵文字リアクションなどです。

Windows Mac アクティビティの一覧を表示するには、画面右上の@をクリックします。

■「アクティビティ」

A 「アクティビティ」を開きます。

B それぞれのメッセージに絵文字リアクションを送ります。元のメッセージへ移動する手間がありません。

C それぞれのメッセージの元の位置を開きます。前後のやりとりを確かめるのに便利です。

D 「表示オプション」を開き、対象を絞り込みます。

iPhone Android アクティビティの一覧を表示するには、右サイドバーを開き、「アクティビティ」をタップします。それぞれのメッセージをタップすると、発言元の画面へ移動します。

■「アクティビティ」

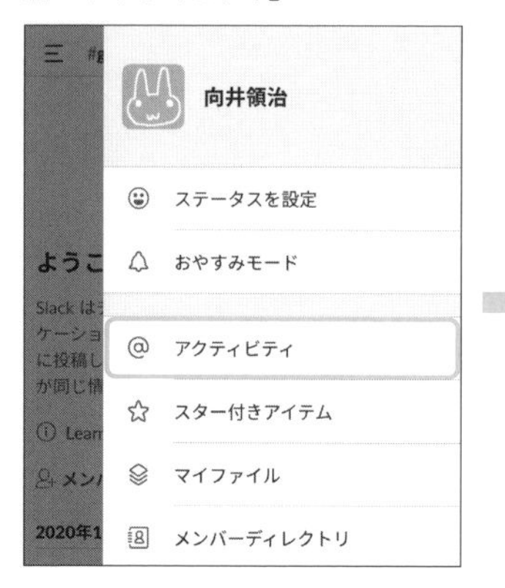

4-7-10 チャンネルやダイレクトメッセージごとに通知を止める

チャンネルごと、または、ダイレクトメッセージの相手ごとに、通知を止められます。この機能を「ミュート」と呼びます。個人あてまたはチャンネル全体にメンションされた場合は新着件数がバッジで表示されますが、通常の新着メッセージは通知されなくなります。

チャンネルやダイレクトメッセージをミュートするには、目的のチャンネルや相手などを選んでから、ミュートするように設定します。ミュートを解除するには、同じ操作を繰り返します。

Windows Mac チャンネルやダイレクトメッセージをミュートするには、画面上方にある歯車のアイコンをクリックし、メニューが開いたら「（チャンネル名または「会話」）をミュートする」を選びます。ミュートされると、画面左側の一覧では名前をグレーで表示します。

■「ミュート」

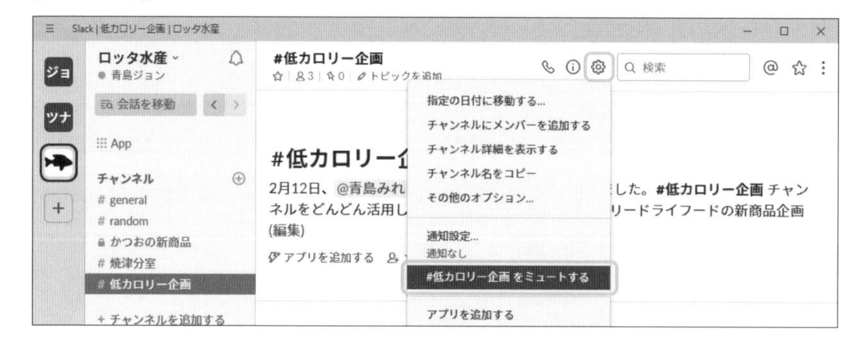

■「ミュート」解除

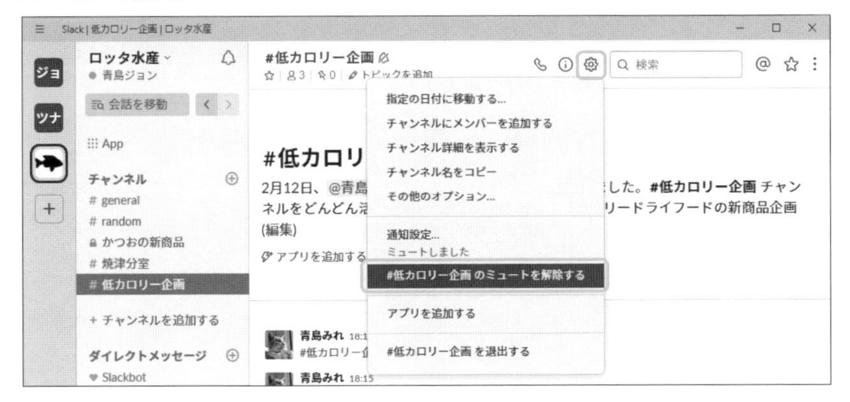

iPhone チャンネルやダイレクトメッセージをミュートするには、画面上端にあるそれぞれの名前をタップし、「情報」の画面が開いたら「チャンネル（または会話）をミュートする」をオンにします。

iPhone

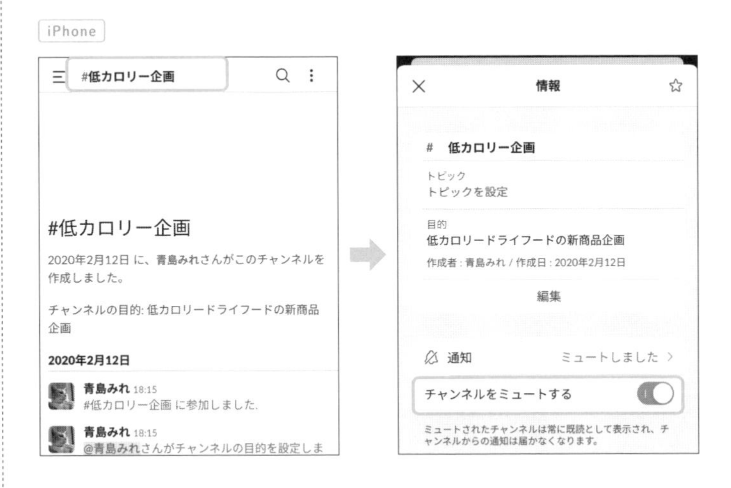

Android チャンネルやダイレクトメッセージをミュートするには、画面上端から2段目にあるそれぞれの名前をタップし、「通知」をタップし、「チャンネル（または会話）をミュートする」をオンにします。

Android

All ミュートされたチャンネルまたはダイレクトメッセージは、一覧ではグレーの文字で表示されます。

ミュートしたチャンネルに通常のメッセージが届いても、まったく通知されません。ただし、個人またはチャンネル全体にメンションされた場合は、新着件数をバッジで表示します。

また、ミュートしたダイレクトメッセージは、メンションがなくても、新着件数をバッジで表示します。

■ミュートしたときの表示

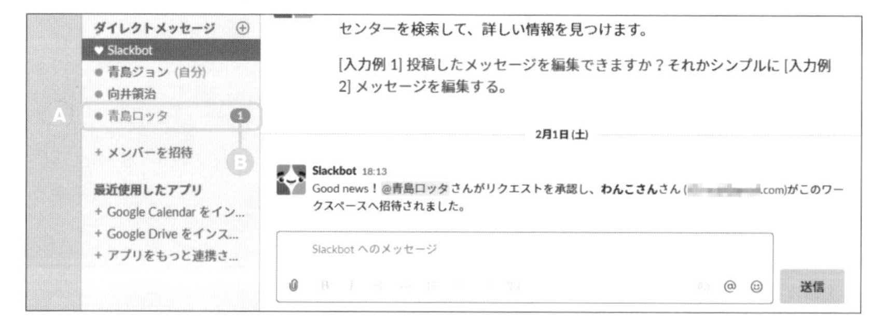

A ミュートするとグレーで表示されます。
B 条件を満たせば新着件数をバッジで表示します。

4-8 チャンネルのそのほかのオプション

**チャンネルに関連するそのほかの機能のうち、
知っておきたいものをまとめて紹介します。
チャンネルの説明やトピックはあまり目立ちませんが、
掲示物のつもりで設定するとよいでしょう。
役目の終わったチャンネルは、適宜アーカイブまたは削除しましょう。**

4-8-1 チャンネルの名前、説明、トピックを変更する

チャンネルの詳細情報を調べたり、説明を書き換えたりできます。とくにチャンネルの説明は、あとから参加するメンバーにとっては重要な情報ですので、必要に応じて書き換えるようおすすめします。

また、恒常的な役割を示す「説明」に対し、比較的短期的な課題などを示すために「トピック」を設定できます。とくにパソコンでは比較的目立つ位置に常時表示されるので、必要に応じて設定するとよいでしょう。トピックは、チャンネルのメンバーであれば誰でも変更できます。

Windows Mac 目的のチャンネルを選び、画面上端にある歯車アイコン⚙をクリックし、メニューが開いたら「チャンネル詳細」を表示します。「名前」または「説明」の見出しにポインタを寄せると「編集」と表示され、クリックすると内容を書き換えられます。

■チャンネルの名前と説明を変更する

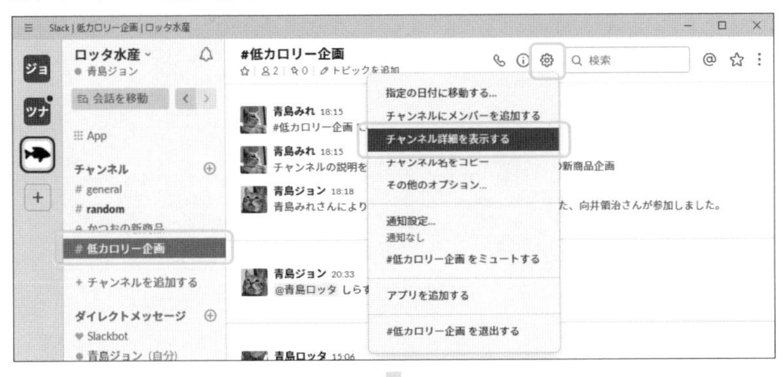

また、トピックを変更するには、チャンネル名の下にあるトピック表示欄をクリックします。ポインタを寄せると「編集」と表示されます。

■トピックを変更する

iPhone 目的のチャンネルを選び、画面上端にあるチャンネル名をタップします。「情報」画面が開いたら「編集」をタップします。次の画面で内容を書き換えられます。

■チャンネルの名前、説明、トピックを変更する

Android 目的のチャンネルを選び、画面上方にあるチャンネル名をタップします。「チャンネル詳細」画面が開いたら「編集する」をタップします。次の画面で内

容を書き換えられます。

■チャンネルの名前、説明、トピックを変更する

4-8-2 チャンネルをアーカイブする

#general以外の目的が完了したチャンネルは、投稿ができない、参照・検索専用に変更できます。この操作を「アーカイブ」といいます。

デフォルトでは、チャンネルのメンバーであれば誰でもアーカイブ操作ができます（ゲストを除く）。履歴が完全に消えるわけではありませんが、操作する前にメンバー全員によく確認してください。

Windows Mac 目的のチャンネルを選び、画面上端にある歯車のアイコンをクリックし、メニューが開いたら「その他のオプション…」を選びます。画面が変わったら「このチャンネルをアーカイブする」を選び、確認画面を一読します。本当に実行するのであれば「はい。チャンネルをアーカイブします」をクリックします。

■チャンネルをアーカイブする

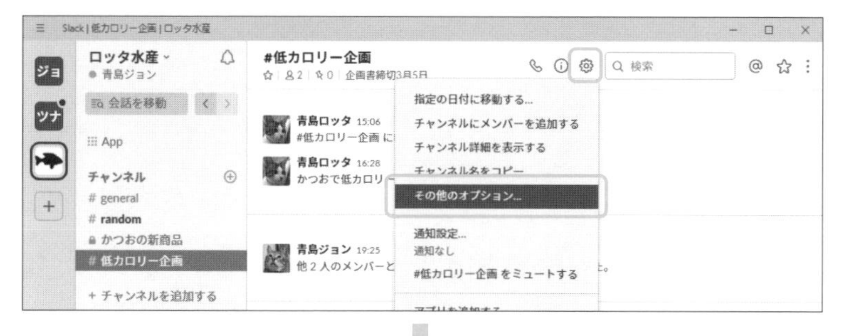

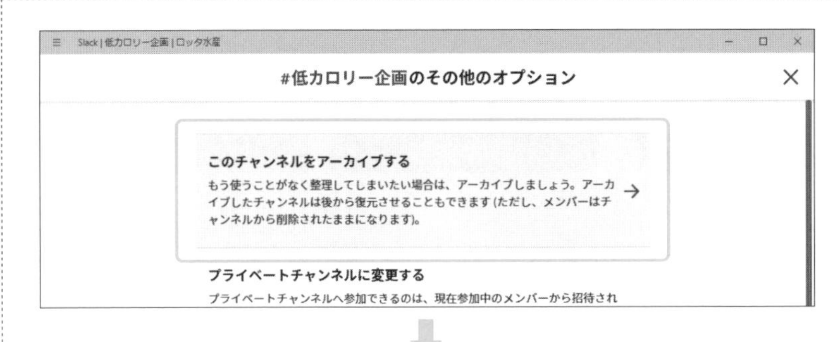

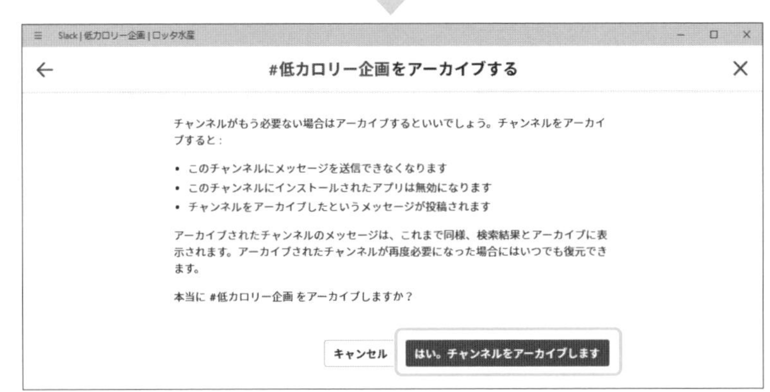

iPhone 目的のチャンネルを選び、画面上端にあるチャンネル名をタップします。「情報」画面が開いたら「その他のオプション」→「チャンネルをアーカイブ」の順にタップします。続いて、画面の表示に従って進んでください。

■チャンネルをアーカイブする

Android 目的のチャンネルを選び、画面上方にあるチャンネル名をタップします。「チャンネル詳細」画面が開いたら下へスクロールして「アーカイブ」をタップします。続いて、画面の表示に従って進んでください。

■チャンネルをアーカイブする

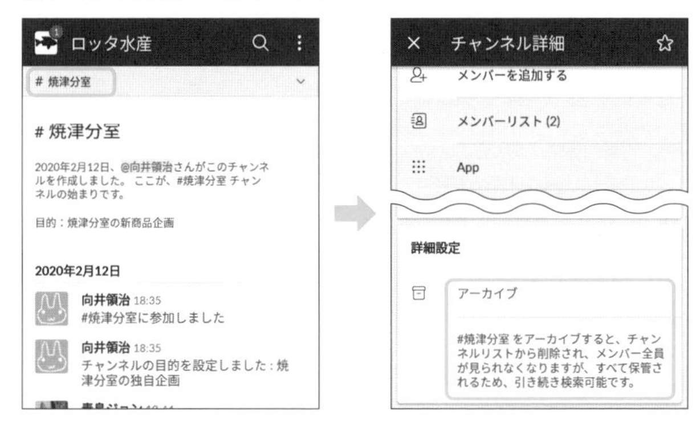

● NOTE　アーカイブしたチャンネルは、パソコンからは履歴を参照できます。これには、P.241「4-4-1 パソコンでチャンネルの一覧を調べて参加する」で紹介した手順でチャンネル一覧を表示し、表示対象を絞り込む「表示」を「アーカイブしたチャンネル」へ変更してから、チャンネルを選択します。いったんアーカイブしたチャンネルを改めて削除するには、この手順でチャンネル履歴を表示し、その画面から次項「4-8-3 チャンネルを削除する」で紹介する手順で削除してください。

4-8-3 チャンネルを削除する

完全に役目の終わったチャンネルは削除できます。操作はパソコンからのみ行えます。取り消しはできないので注意してください。デフォルトでは、この操作ができるのはオーナーと管理者に限られます。また、generalチャンネルは削除できません。

なお、チャンネルを削除しても、そのチャンネルを通してアップロードされたファイルはワークスペースへ残ります。必要に応じて、別途ファイルを削除してください（手順はP.297「5-1-5 アップロードしたファイルの一覧を調べる」を参照）。

Windows　Mac　目的のチャンネルを選び、画面上端にある歯車アイコン⚙をクリックし、メニューが開いたら「その他のオプション...」を選びます。画面が変わったらページ末尾にある「このチャンネルを削除する」をクリックします。確認画面が開いたら説明を一読してください。本当に削除するには「はい、完全に削除します」オプションをチェックしてから、「チャンネルを削除する」をクリックします。

■チャンネルを削除する

4-8-4 チャンネル管理の権限を設定する

デフォルトでは、プライベートチャンネルの作成やチャンネルのアーカイブなど、場合によっては影響が大きな操作も多くのメンバーが実行できます。これはメンバー種別によって制限できるので、必要に応じて変更してください。

Windows Mac アプリで画面左上のワークスペース名をクリックし、メニューが開いたら「その他管理項目」→「ワークスペースの設定」を選びます。Webブラウザへ切り替わったら「権限」タブを選び、「チャンネル管理」の見出しにある「開く」をクリックします。表示に従って設定を変更し、左下にある「保存」をクリックします。

■チャンネル管理の権限を設定する

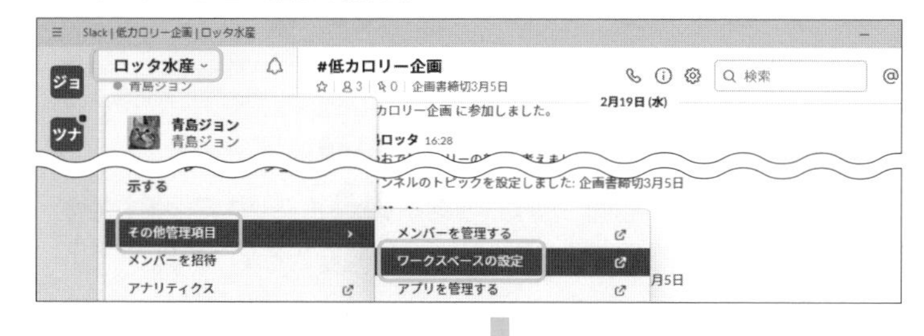

4-9 メッセージやファイルを検索する

メッセージの内容やファイルの名前などで検索ができます。無料プランで検索・閲覧できるメッセージは、直近の1万件までです。有料プランへアップグレードするとこの制限はなくなります。

4-9-1 パソコンで検索する

Windows Mac ワークスペースを検索する手順は次のとおりです。

ステップ1

検索欄をクリックするか、Windowsでは Ctrl + K キー、Macでは ⌘ + K キーを押します。入力欄が開いたら、キーワードを入力して、Windowsでは Enter キー、Macでは Return キーを押します。

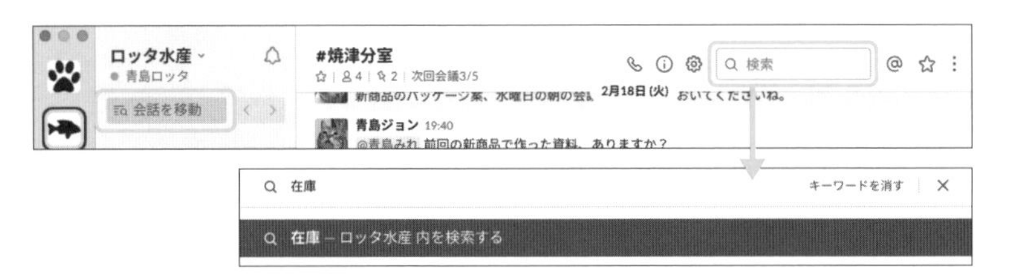

画面左上と右上のどちらの検索欄をクリックしても同じです。

ステップ2

検索結果が表示されます。

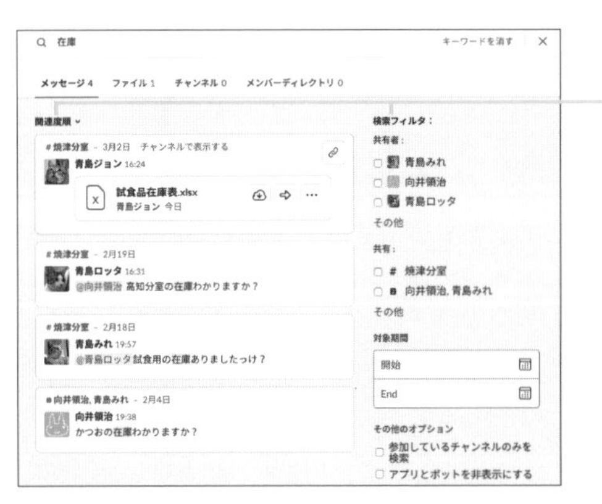

カテゴリを切り替えたり、フィルタを使って絞り込みができる

4-9-2 モバイル端末で検索する

iPhone Android ワークスペースを検索する手順は次のとおりです。

ステップ1

画面右上にある虫眼鏡のアイコンをタップします。

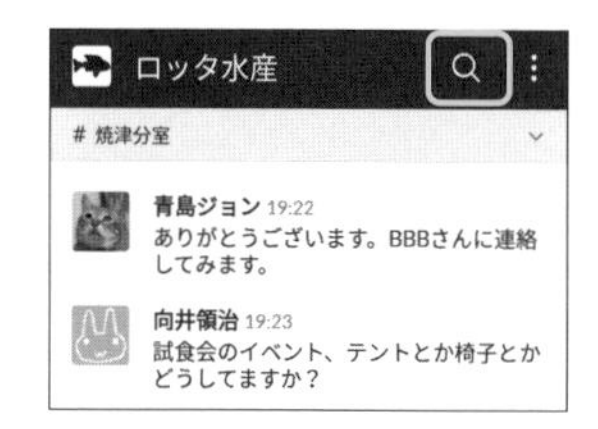

ステップ2

検索画面が開いたら、いずれかの方法で検索します。

iPhone

Android

Ⓐ 任意のキーワードを入力して検索します。

Ⓑ **「Messages（メッセージ）」「Files（ファイル）」**：検索対象を切り替えます。

Ⓒ **「検索モディファイア（検索フィルター）」**：あらかじめ用意されているフィルターを使って検索します。たとえば「from:me」は「送信者が自分である」という条件ですが、条件の意味は右側に書かれているので、右側だけ注目すれば十分です。

Ⓓ **「最近の検索（履歴を検索する）」**：検索の履歴です。

ステップ3

検索結果が表示されます。

メッセージとファイルは、この画面で切り替えられます。

● ● ● ● ● ●

● NOTE　細かな検索条件を指定するには、①クオーテーションマークで囲むと完全一致を検索（例：「"まぐろ缶"」）、②複数のキーワードを指定する（OR検索）にはスペースで区切る（例：「かつお まぐろ」）、③検索から除外するには前にハイフンを付ける（例：「かつお -試作品」）、などの方法があります。また、詳細な条件を指定するには、特定の項目や属性などを指定する「検索モディファイア」を使って「during:today」（発信日が今日）のようなキーワードで検索できます。詳細は「検索」「検索モディファイア」のキーワードでヘルプを検索してください（手順はP.121「2-11 Slackbotを使う」を参照）。

ビジネスで使ってみよう

ビジネスでコミュニケーションを行うときに必要な、ファイルや文書を共有する方法を紹介します。また、他社のサービスとの連携も可能なので、SlackからGoogleドライブに議事録を新規作成し、完成したら共有するような使い方ができます。

5-1 ファイルを共有する

**ワークスペース内でファイルを共有できます。
汎用性の高いファイル形式はSlackアプリの中でプレビューも可能です。ファイルの一覧を調べたり、一覧から操作する手順も覚えておきましょう。
ファイルはメッセージに添付されるのではなく、独立してアップロードされる点に注意してください。**

5-1-1 ファイル保管とサイズについて

画像ファイルをメッセージとあわせてアップロードする手順はすでにP.106「2-9 画像を送信する」で紹介しましたが、そのほかの形式のファイルもほぼ同様に扱えます。

画像を含め、メンバーがアップロードしたファイルは、ワークスペース内に保存されます。無料プランでは、ワークスペース全体で合計5GBのファイルを保存できます（有料プランでは、メンバー1人あたり10GBまたはそれ以上のファイルを保存できます）。ただし、ファイル1つあたりの最大サイズは1GBです。合計容量に余裕があっても、1つで1GBを超えるファイルは保存できません。

もしも利用できるサイズを超えると、通知が届き、古いファイルからアーカイブされます。アーカイブされたファイルはチャンネルや検索結果などに表示されなくなりますが、より大きな容量が使えるプランへアップグレードするとアーカイブから復元されます。なお、手作業で個別にファイルを削除することもできます。

● NOTE　Slackのワークスペースへファイルを保存するほかに、Googleドライブなどのクラウドストレージとリンクすることもできます（詳細はP.309「5-3-2 Googleドライブアプリをインストールする」を参照）。ダウンロードする側にとってはとくに区別する必要はないので、必要に応じて使い分けてください。

5-1-2 パソコンでファイルをアップロードする

Windows Mac 既存のファイルをアップロードする手順は次のとおりです。

ステップ1

ファイルを共有したいチャンネルやダイレクトメッセージの相手などを開きます。

自分あてのダイレクトメッセージも選べます。

ステップ2

デスクトップなどからファイルのアイコンをSlackアプリの画面へドラッグ&ドロップします。

もう1つの方法として、メッセージ入力欄の左下にあるクリップのアイコンをクリックし、メニューが開いたら「自分のコンピューター」を選び、ダイアログで選ぶこともできます。

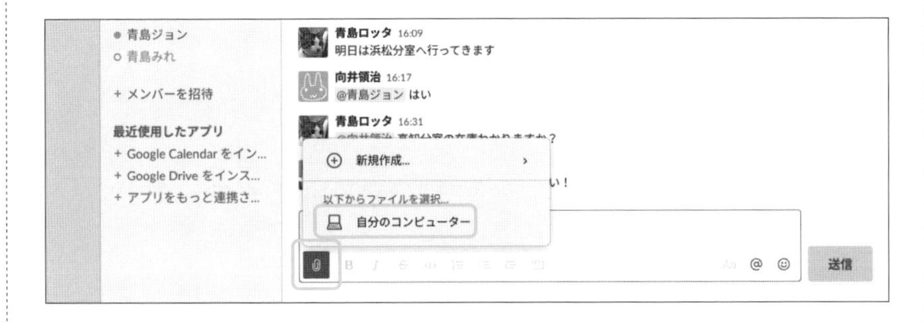

ステップ3

「ファイルをアップロードする」の画面が開いたら、必要に応じてメッセージを付けてから、「アップロード」をクリックします。

「共有相手」は、このファイルへのリンクを投稿する場所を指定するものです。すでにチャンネルやダイレクトメッセージの相手を選んでいるので、この画面で変更する必要はありません。

ステップ4

ファイルへのリンクが付いたメッセージが投稿されます。

ファイルへのリンクの範囲にポインタ（マウスの矢印）を寄せると右上にボタン類が表示されます。

Ⓐ「ダウンロード」：ファイルをダウンロードします。

Ⓑ「ファイルを共有...」：このファイルへのリンクを別のチャンネルやダイレクトメッセージの相手へ投稿します。プライベートチャンネルへ投稿したメッセージを使って

パブリックチャンネルへ共有しても確認のダイアログなどは表示されないので注意してください。

Ⓒ「その他」:メニューを開いて、スターを付けたり、ファイルの名前の変更や削除などが行えます。

5-1-3 iPhoneでファイルをアップロードする

iPhone ファイルをアップロードする手順は次のとおりです。iPhoneでは、iCloud Driveにあるファイルなどをアップロードできます。

ステップ1

ファイルを共有したいチャンネルやダイレクトメッセージの相手などを開きます。

自分あてのダイレクトメッセージも選べます。

ステップ2

メッセージ入力欄の右下にある、クリップが付いた書類のアイコンをタップします。

ステップ3

一覧から選ぶか、「ファイルを追加」をタップします。ここでは後者を選びます。

Ⓐ「マイファイル」:すでにアップロードしたファイルの一覧です。

Ⓑ iCloud Driveを開きます。

ステップ4

iCloud Driveが開いたら、フォルダをたどるなどして目的のファイルを選びます。元の画面へ戻ったら、必要に応じてメッセージを追加してから送信します。

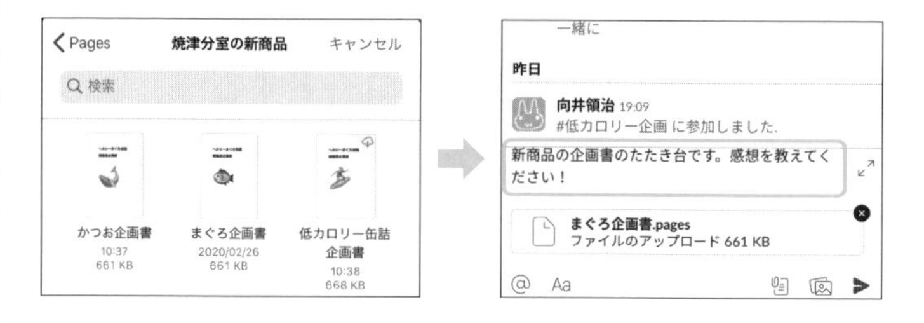

ステップ5

ファイルへのリンクが付いたメッセージが投稿されます。ファイルのアイコンをタップして、内容を確かめてみましょう。

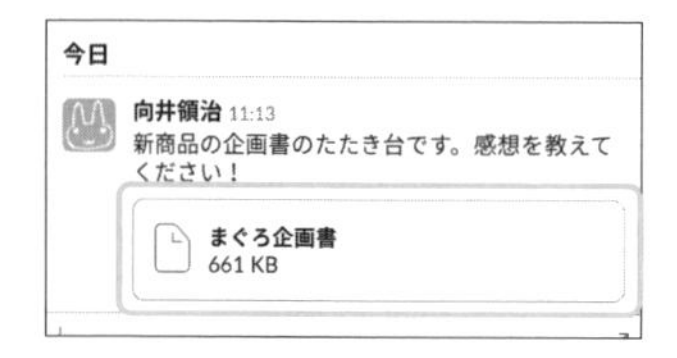

ステップ6

ファイル形式などによってはここでプレビューが表示されます。表示されない場合や、より正しく内容を確かめるには「ファイルを表示」をタップします。

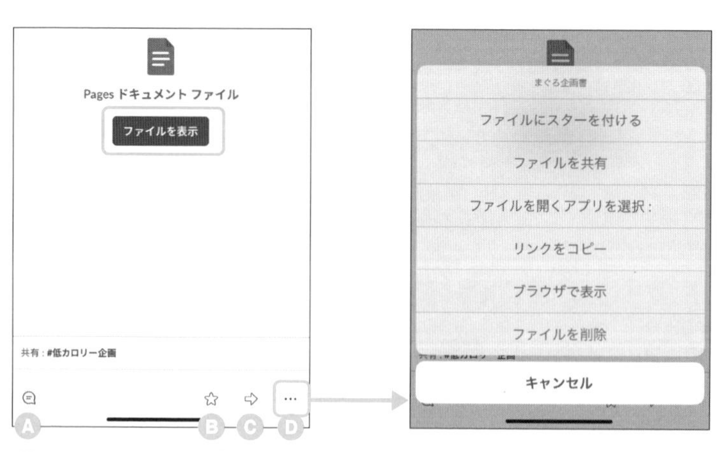

Ⓐ スレッドを開始　Ⓑスターを付ける　Ⓒファイルを共有する　Ⓓメニューを開く

ステップ7

より正しいプレビューが表示されます。

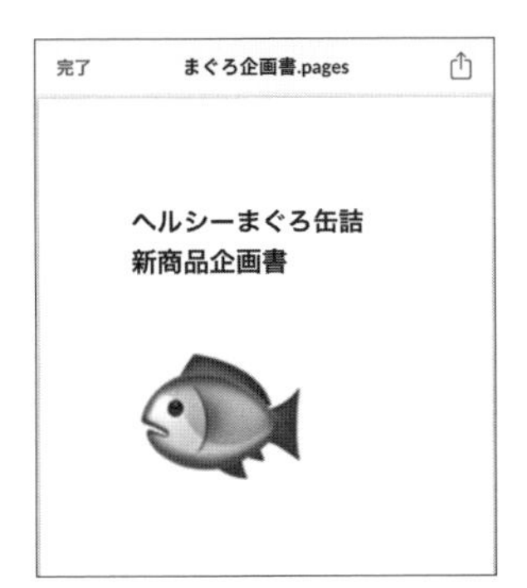

● ● ● ● ● ●

● NOTE　別のアプリで作成し、端末内にあるファイルをSlackで送信するには、作成元のアプリのアクションメニューからSlackを選び、ワークスペースとチャンネルを指定します。やや面倒ですので、いったんiCloud Driveへアップロードするのもよいでしょう。なお、「設定」アプリを開き、「Slack」→「書類ストレージ」を選ぶと、ファイルの保存場所を端末内と切り替えられます。

5-1-4 Androidでファイルをアップロードする

Android ファイルをアップロードする手順は次のとおりです。

ステップ1

ファイルを共有したいチャンネルやダイレクトメッセージの相手などを開きます。

自分あてのダイレクトメッセージも選べます。

ステップ2

メッセージ入力欄の右下にある、クリップが付いた書類のアイコンをタップします。

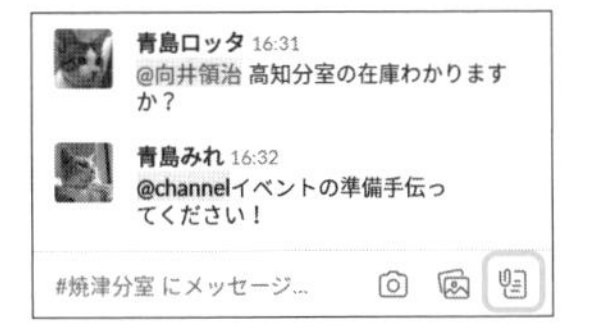

ステップ3

一覧から選ぶか、画面右下にあるアイコンをタップします。ここでは後者を選びます。

Ⓐ すでにアップロードしたファイルの一覧です。
Ⓑ 端末内や、GoogleドライブやOneDriveなど、別のアプリを経由してアクセスできるように設定されているファイルの一覧を開きます。

ステップ4

フォルダをたどるなどして目的のファイルを選びます。元の画面へ戻ったら、必要に応じてメッセージを追加してから送信します。

ステップ5

ファイルへのリンクが付いたメッセージが投稿されます。ファイルのアイコンをタップして、内容を確かめてみましょう。

ステップ6

ファイル形式などによってはここでプレビューが表示されます。表示されない場合や、より正しく内容を確かめるには「開く」をタップします。

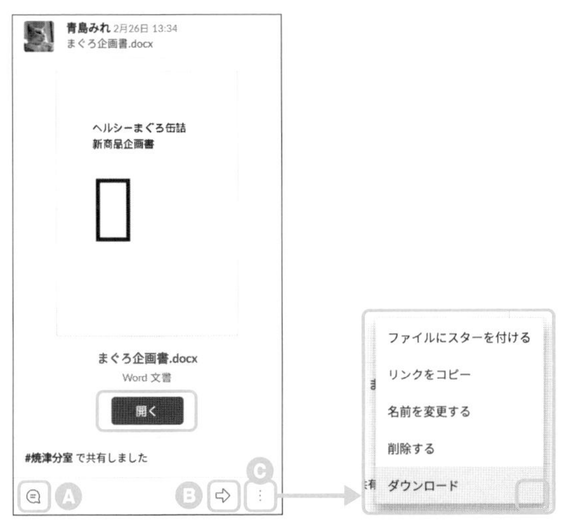

A スレッドを開始　B ファイルを共有する　C メニューを開く

ステップ7

より正しいプレビューが表示されます。

5-1-5 アップロードしたファイルの一覧を調べる

アップロードしたファイルを一覧で表示できます。これはワークスペース全体が対象になるので、すべてのチャンネルなどを確かめて回る必要がありません。また、ファイルの削除や、スターの付け外しも一覧から操作できます。

Windows Mac アップロードしたファイルの一覧を表示するには、画面右上の⋮をクリックし、メニューが開いたら「ファイル」を選びます。

■ワークスペースごとにアップロードしたファイルの一覧を調べる

iPhone アップロードしたファイルの一覧を表示するには、右サイドバーを開き、「マイファイル」を選びます。以後はフィルターを使って目的のファイルを探します。ファイル一覧でタップするとプレビューを表示します。

■ワークスペースごとにアップロードしたファイルの一覧を調べる

執筆時点の最新バージョンでは表示されないため、図は古いバージョンで撮影しました。将来のバージョンでは問題が解消されるかもしれません。

Android アップロードしたファイルの一覧を表示するには、右サイドバーを開き、自分のアイコンをタップします。プロフィール画面が開いたら⋮をタップし、メニューが開いたら「ファイルを表示する」をタップします。以後は、検索フィルターや履歴を使って目的のファイルを探します。ファイル一覧でタップするとプレビューを表示します。

■ワークスペースごとにアップロードしたファイルの一覧を調べる

5-1-6 外部リンクに関する注意

個別のファイルのメニューに表示される「外部リンク」とは、Slack以外からサインインなしでWebブラウザからアクセスできるように設定するものです。URLには乱数が使われますが、パスワードは設定されません。機密性の高いファイルには使わないほうがよいでしょう。

いったん外部リンクを設定すると、無効にするまで公開され続けます。無効にするには、再度「外部リンクを表示する...」を選び、ダイアログで「無効にする」を選びます。

5-1-7 ファイルの削除に関する注意

アップロードしたファイルはワークスペースへ保存しているので、ファイルを投稿したときのメッセージを削除しても、アップロードしたファイルは残ります。ファイルを削除するには、元のメッセージ、または、アップロードしたファイル一覧からメニューを開き、「ファイルを削除する」を選ぶ必要があります。

また、オーナーと管理者は、ほかのメンバーがアップロードしたファイルも削除できます。ただし、パブリックチャンネル、または、自分が参加しているプライベートチャンネルへアップロードされたものに限ります。

5-2 Slackアプリ内で文書を作成する

**ちょっとした文書をSlackだけで作成できます。
テキストエディタへ切り替える手間がなく、
メンバー間で共有できる点も特徴です。
ただし、作成できるのはパソコンからだけです。
共有の範囲にも注意してください。**

5-2-1 スニペットとポスト

　メッセージとは別に、文書を作成し、あとから編集したり共有したりできます。この機能には「スニペット」と「ポスト」があり、スニペットでは文章を書くだけですが、ポストでは見出し、太字、下線、箇条書きなどの書式が使えるという違いあります。

　どちらも、新規作成と編集はパソコンからのみ可能です。モバイル端末からは閲覧のみが可能で、新規作成と編集はできません。

　また、どちらもワークスペースのファイルとして作られます。あとから閲覧・編集する手順はP.297「5-1-5 アップロードしたファイルの一覧を調べる」を参照してください。

● NOTE　プレーンテキストをアップロードすると、自動的にスニペットとして扱われ、Slackアプリ内で表示または編集できるようになります。ただし、文字コードはUTF-8である必要があります。Shift JISやUTF-16などは扱えないため、Slackアプリ内部ではプレビューもできません。

5-2-2 パソコンでスニペットを作成する

Windows　Mac　スニペットを新規作成する手順は次のとおりです。

ステップ1

投稿したいチャンネルまたはダイレクトメッセージの相手を選び、メッセージの入力欄の左下にあるクリップのマークをクリックします。メニューが開いたら、「新規作成」→「コードまたはテキストのスニペット...」を選びます。

ステップ2

「スニペットを作成する」画面が開いたら、表示に従って記入します。

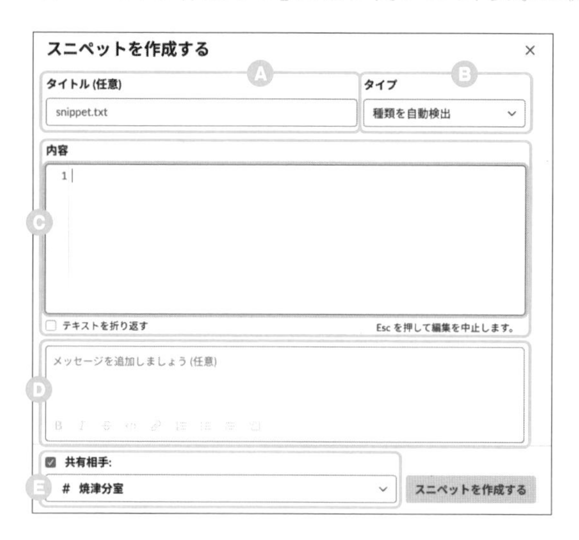

Ⓐ「タイトル」:このスニペットのタイトルです。必須ではありませんが、ワークスペースへアップロードしたファイルの一覧に表示されるので、できるだけ最初から書いておくことをおすすめします。なお、Macではかな漢字変換を確定すると保存されて編集画面が閉じてしまうことがあるので注意してください(いったん本文に書いてカット&ペーストするなどしてください)。

Ⓑ「タイプ」:変更する必要はありません。メニューには数多くのプログラム言語がありますが、一般的な日本語の文章であれば「種類を自動検出」のままでかまいません。

Ⓒ「内容」:スニペットの本文です。

Ⓓ このスニペットをアップロードするときにあわせて投稿するメッセージの本文です。

Ⓔ 「共有相手」:先に投稿先を選んでいるので、変更する必要はありません。このスニペットを共有するチャンネルなどを指定します。共有先を変更したいときに操作します。

ステップ3

書き終えたら、画面右下の「スニペットを作成する」をクリックします。

ステップ4

設定に従って投稿されます。

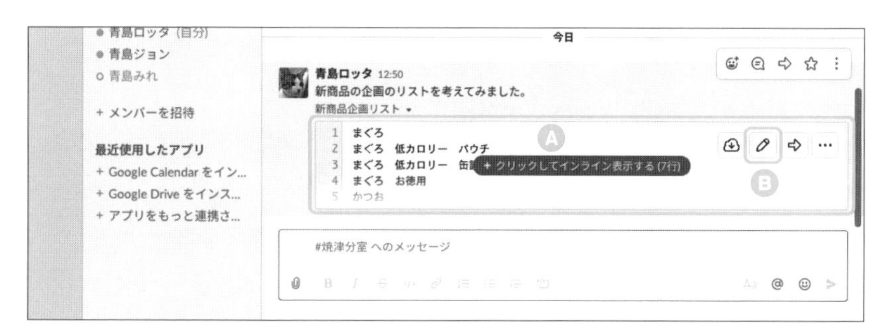

Ⓐ スニペットの内容全体を表示するには、プレビューをクリックします。

Ⓑ スニペットの内容を編集するには、プレビューにポインタを重ねて(クリックしないでください)、右上に表示される鉛筆のアイコン をクリックします。

ステップ5

あとからスニペットの内容を参照・編集するには、アップロードしたファイルの一覧から操作します。

アップロードしたファイルの一覧を調べる手順はP.297「5-1-5 アップロードしたファイルの一覧を調べる」を参照してください。なお、一覧に表示されるまで、数十秒程度の時間がかかることがあります。

Ⓐ ファイル名をクリックすると内容をプレビューします。

Ⓑ 内容を編集するには、ファイル名にポインタを重ねて（クリックしないでください）、右上に表示される鉛筆のアイコンをクリックします。

5-2-3 パソコンでポストを作成する

Windows Mac ポストを新規作成する手順は次のとおりです。

ステップ1

投稿したいチャンネルまたはダイレクトメッセージの相手を選び、メッセージの入力欄の左下にあるクリップのマークをクリックします。メニューが開いたら、「新規作成」→「ポスト」を選びます。

ステップ2

新しいウインドウが開いたら、表示に従って入力します。保存ボタンはありませんが、ウインドウを閉じれば自動的に保存されます。自分だけで利用する場合は、このステップで完了です。

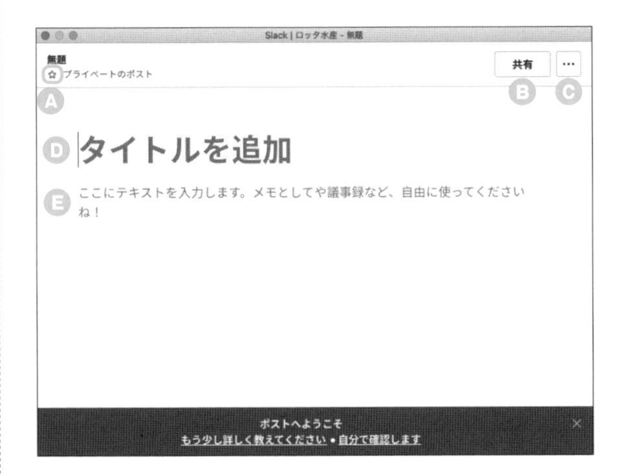

A スターを付けます（スターの詳細はP.258「4-6-5 スターを付ける」を参照）。

B 「共有」：「このポストを共有する」画面を開きます。

C その他のメニューを開きます。印刷や削除は、ここから行います。

D タイトルを書きます。デフォルトでは「無題」ですので、適宜変更してください。

E 本文を書きます。

ステップ3

もしもメンバー間などで共有したいときは、タイトルや本文などの入力を終えてから「共有」をクリックして、表示に従って入力します。

A「共有場所」:先に投稿先を選んでいるので、変更する必要はありません。このポストを共有するチャンネルなどを指定します。共有先を変更したいときに操作します。

B「ほかのメンバーの編集を許可する」:ほかのメンバーと共同編集する場合にオンにします。

C「コメントを追加する」:このポストを付けたメッセージを投稿する場合に記入します。空欄でもかまいません。

D「共有」:すぐにポストの保存とメッセージの投稿を行います。前のステップのウインドウへ戻るわけではないので注意してください。また、右上の×をクリックして閉じるとこの画面での設定は失われるので、タイトルや本文は先に完成させてください。

ステップ4

設定に従って投稿されます。

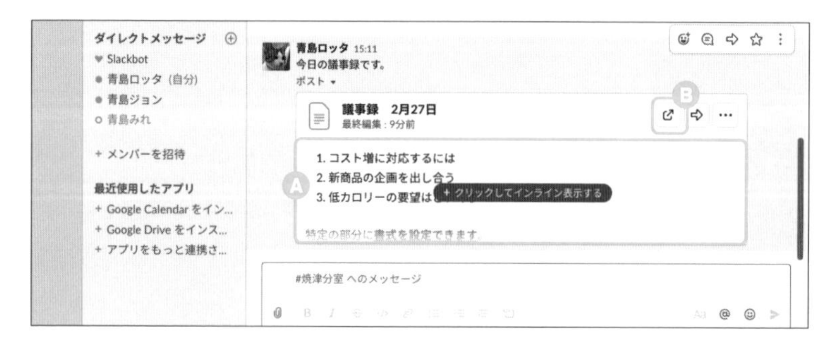

Ⓐ ポストの内容全体を表示するには、プレビューをクリックします。

Ⓑ ポストの内容を編集するには、プレビューにポインタを重ねて（クリックしないでください）、右上に表示される「新しいウインドウで編集する」をクリックします。

ステップ5

あとからポストの内容を参照・編集するには、アップロードしたファイルの一覧から操作します。

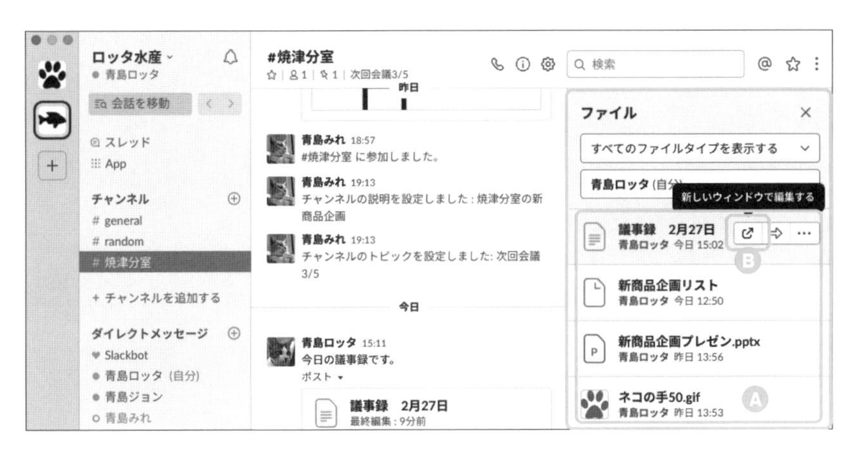

Ⓐ ファイル名をクリックすると内容をプレビューします。

Ⓑ 内容を編集するには、プレビューにポインタを重ねて（クリックしないでください）、右上に表示される「新しいウインドウで編集する」をクリックします。

アップロードしたファイルの一覧を調べる手順はP.297「5-1-5 アップロードしたファイルの一覧を調べる」を参照してください。

5-2-4 ポストに書式を設定する

Windows Mac ポストに書式を設定するには、先に内容を記述し、選択すると表示されるバーから目的のものをクリックします。ワープロのように、つねに設定用のバーが表示されるものではないので注意してください。

■書式を設定するには範囲を選択してから

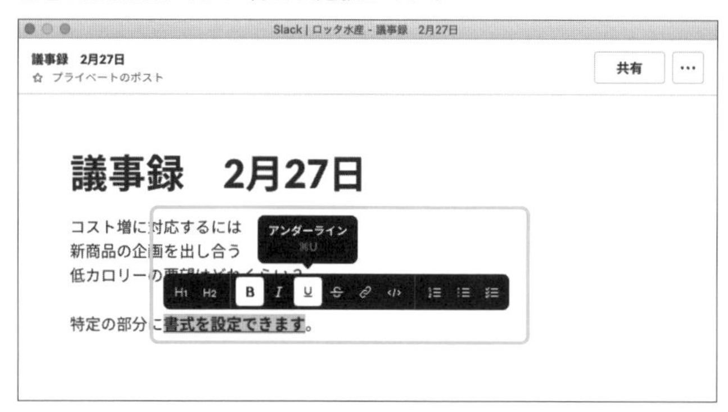

箇条書きなども同様に、先に1行に1つずつ内容を記述してから設定します。

■箇条書きを設定するには1行に1つずつ記述してから

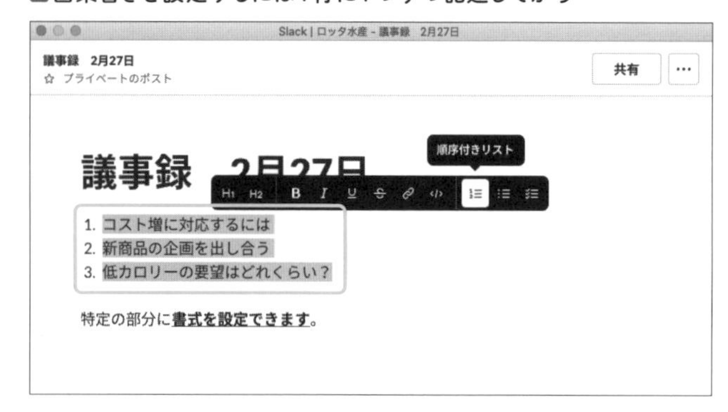

5-3 追加Appで他社サービスと連携する

**Slackと他社のサービスを連携して、
Slackからさまざまな操作を行うことができます。
ここでは例として、Googleドライブに新しいファイルを作る、
Googleカレンダーに登録したイベントをSlackで知らせる、
やりとりをまとめたノートをEvernoteへ作る、の3つを紹介します。**

5-3-1 機能を追加するAppとは

Slackがもともと提供するもの以外の機能をSlackに追加（インストール）できます。この機能を「アプリ」や「Slack App」などと呼びます。これには他社が提供するサービスと連携できるものが数多くあるので、情報の出入口を集約するのに役立ちます。公式のSlackアプリとまぎらわしいので、本書では以後「App」と表記します。

Appを使っても、もちろん、他社が提供するサービスのすべての機能をSlackから使えるようになるわけではありません。それでも、日常的に注意すべきアプリをできるだけSlackにまとめられれば、チームの情報共有を確かなものにして、コミュニケーションの負荷を減らすのに役立ちます。

Appはワークスペースごとにインストールします。無料プランでは10個までです（有料プランでは無制限です）。デフォルトではメンバー全員が自由にインストールできますが、これは制限できます（詳細はP.328「5-3-8 Appの管理」を参照）。

なお、インストールしたアプリが他社サービスのアカウントを必要とする場合は、メンバーそれぞれが追加設定する必要があります。ただし、連携先のサービスで共有設定している場合は、その設定に従います。Appはあくまでも Slackと連携先のサービスをつないでいるだけであることに注意してください。

5-3-2 Googleドライブアプリをインストールする

Windows Mac ここではAppをインストールして使うまでの例として、「Googleドライブ」を紹介します。手続きは自己責任で行ってください。Googleドライブそのものの紹介は省略します。

ステップ1

Slackアプリの左側にある「App」の見出しをクリックします。「Googleドライブ」を探し、「追加」をクリックします。

表示されている位置は図と異なる場合があります。見つからない場合は、下へスクロールしたり、検索してください。

● NOTE　図の中央にある「Appディレクトリを参照する」をクリックすると、Webブラウザへ切り替え、利用できるAppを集めて紹介するページを開きます。Appの数は膨大であるため、Slackアプリ内ではごくわずかなものだけが紹介されています。ほとんどが英語によるサービスですが、興味がある方は参照してください。

ステップ2

Webブラウザへ切り替わって紹介ページが開いたら、「Slackに追加」をクリックします。確認画面へ移ったら、「Googleドライブアプリを追加する」をクリックします。

ステップ3

アクセスを説明する画面へ移ったら、内容を確認して、「許可する」をクリックします。ワークスペースにAppが追加されたら、引き続き、特定の個人の権限でアクセスするように設定します。「Googleドライブアカウントを認証する」をクリックします。

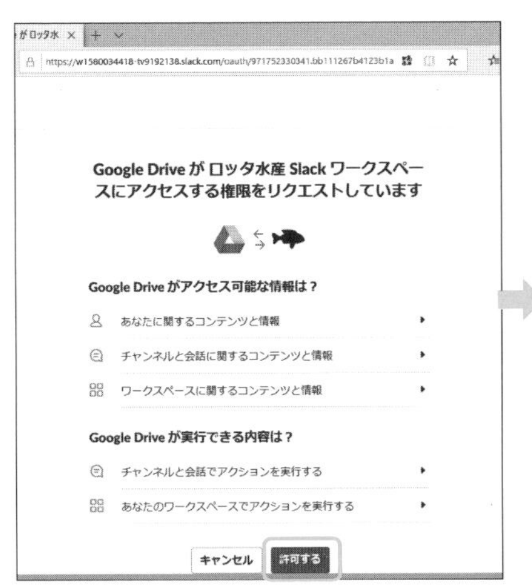

ステップ4

Googleにログインする画面へ移るので、表示に従ってログインします。アクセスを確認する画面へ移ったら、内容を確認してから「許可」をクリックします。

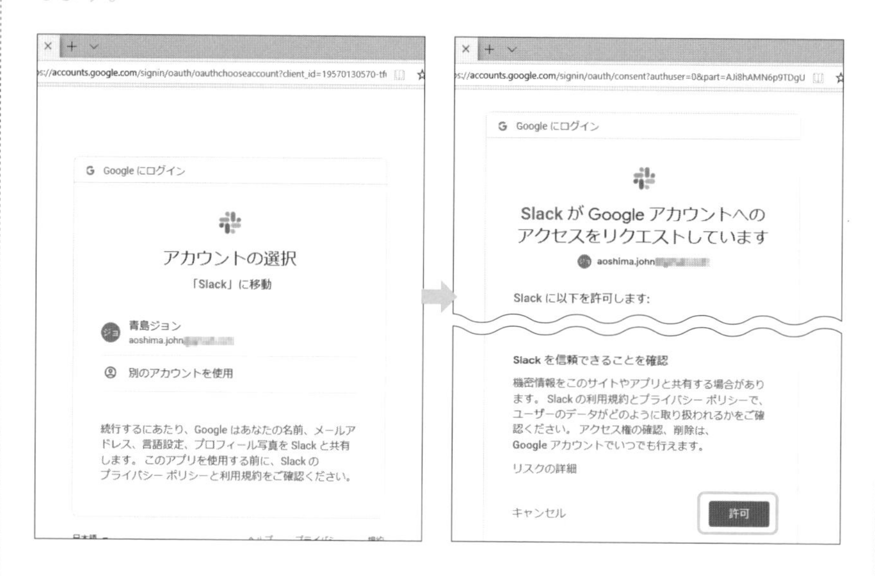

ステップ5

「利用可能になりました」と表示されたら完了です。アプリへ切り替えると、画面左側の「最近使用したアプリ」カテゴリーに「Google Drive」が追加されているはずです。クリックします。

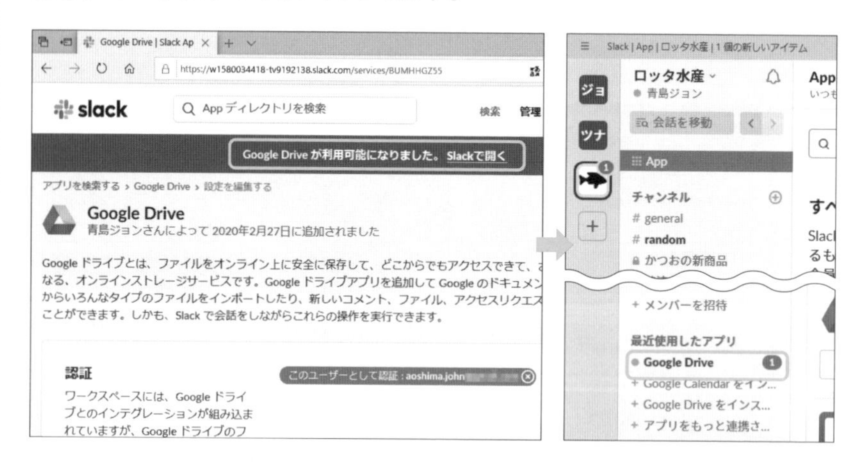

ウインドウは閉じてかまいません。

ステップ6

Appをインストールすると、多くの場合、最初にガイドのメッセージが届きます。

Googleドライブから通知があると、その内容がここにメッセージとして自動投稿されます。

5-3-3 GoogleドライブをSlackから使う

Windows Mac Googleドライブに保存されているファイルへのリンクをつけてメッセージを送信できます。手順は次のとおりです。

ステップ1

投稿したいチャンネルやダイレクトメッセージの相手を選びます。その後に、メッセージ欄の左下にあるクリップのアイコンをクリックし、メニューが開いたら「Googleドライブ」を選びます。

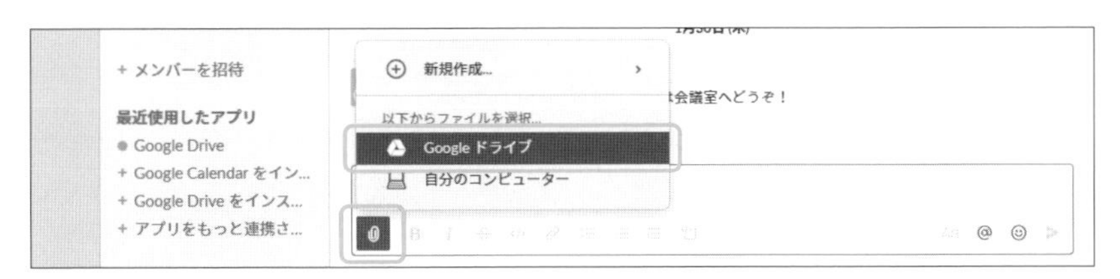

自分だけが使うのであれば自分あてのダイレクトメッセージ、ほかのメンバーと共有したい場合は適切なチャンネルを選んでから操作してください。

ステップ2

目的のファイルをクリックしてから、画面下端にある「Select」をクリックします。

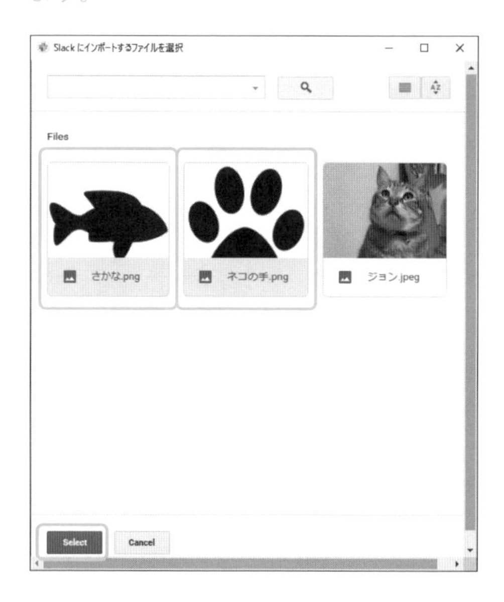

1度に複数のファイルを扱えます。

ステップ3

ファイルへのリンクが投稿されました。ファイルの情報部分をクリックします。

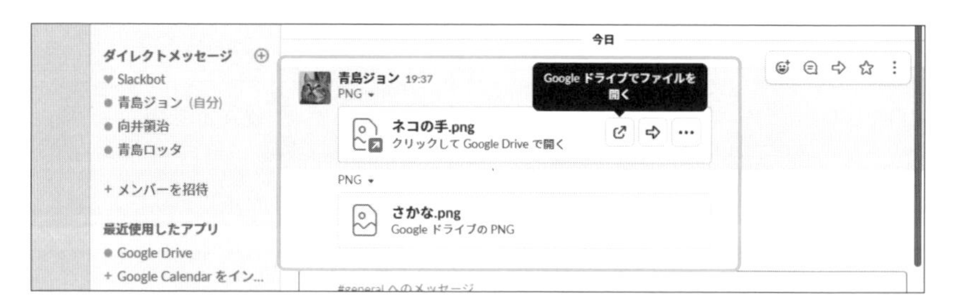

ファイルの情報部分にポインタを重ねるとボタンが表示され、さまざまな操作ができます。この点は、ワークスペースへファイルをアップロードしたときなどと同じです。

ステップ4

Webブラウザへ切り替わり、ファイルの内容を表示します。

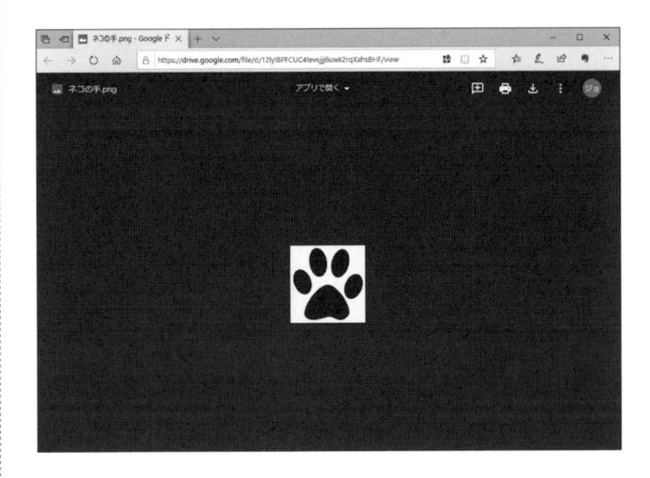

● ● ● ● ● ●

Slackアプリからはリンクを張っているだけで、ファイル自体やファイルへのアクセス権はGoogleドライブのものが使われる点に注意してください。メンバーにも参照してもらう場合などは、必要に応じて、Googleドライブで共有設定を変更してください。たとえば「リンクを知っている全員が閲覧可」に設定すると、ワークスペース内でこのリンクを参照した全員が閲覧できます。

■Googleドライブの共有設定

他のユーザーと共有　　共有可能なリンクを取得
リンクの共有がオンです　詳細
リンクを知っている全員が閲覧可 ▾　　リンクをコピー
https://drive.google.com/file/d/
ユーザー
名前かメールアドレスを入力...
このファイルの閲覧者にはコメントや提案も表示されます。詳細
完了　　詳細設定

この手順で作成したリンクは、モバイル端末からもアクセスできます。手順はワークスペースへアップロードされたものと同じですが、Googleドライブ側のアクセス権に注意してください。

■モバイル端末から閲覧する

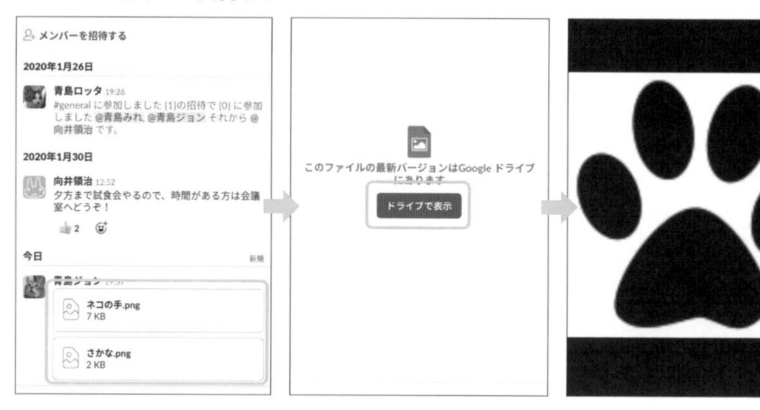

● NOTE　Android P.295「5-1-4 Androidでファイルをアップロードする」で紹介した方法でもGoogleドライブに保存しているファイルを扱えますが、これはワークスペースへアップロードしています。SlackアプリからGoogleドライブにあるファイルへのリンクを付けるとワークスペースの容量を消費しません。

5-3-4 Googleドライブの新規書類をSlackから作る

Windows　Mac　SlackアプリからGoogleドライブへ新しいファイルを作るように指示できます。このとき、リンクをファイル一覧で確認できたり、リンク付きのメッセージを投稿できます。ここでは、まず自分だけが編集できる会議の議事録ファイルを作成し、あとからメンバーと共有するという流れを想定します。

ステップ1

自分あてのダイレクトメッセージを選び、メッセージ入力欄の左下にあるクリップのアイコンをクリックし、メニューが開いたら「新規作成」→「ドキュメント」を選びます。

ファイルを作成するとすぐにリンクがメッセージとして投稿されます。ここでは自分だけが編集できるようにダイレクトメッセージを選びましたが、会議中もリアルタイムで全員が編集する場合は、はじめからチャンネルを選んで作成するとよいでしょう。その場合、Googleドライブ側の共有設定も必要に応じて変更してください。

ステップ2

「Googleドキュメントを作成する」の画面が開いたら、表示に従って入力し、「作成」をクリックします。Webブラウザへ切り替わり、Googleドライブに作られた新しいファイルの編集画面が開きます。

ステップ3

Webブラウザを閉じてSlackアプリへ戻ると、ドキュメントへのリンクが付いたメッセージが投稿されています。メッセージにポインタを重ね(クリックしないでください)、ボタン類が現れたら「ファイルを共有...」をクリックします。

必要に応じて、メッセージの履歴やファイル一覧から開いて編集を繰り返してから操作してください。

ステップ4

「このファイルを共有する」画面が開いたら、必要に応じて設定してから「共有」をクリックします。

「共有相手」には、このファイルを共有したいチャンネルやメンバーを選択します。画面に表示されている「注意：このリンクから、誰でもこのGoogleファイルを編集できます」とは、パブリックチャンネルでリンクが公開されるため、メンバー全員が参照できるようになるという意味です。実際のアクセス権限は、Googleドライブ側の設定によります。

ステップ5

指定したチャンネルへ、ファイルへのリンクが付いたメッセージが投稿されます。

これでチャンネル参加者にもファイルを参照してもらえるようになります。

5-3-5 Googleカレンダーを使う

Windows Mac Appを使った通知の集約化の例として、ここでは「Googleカレンダー」との連携を紹介します。手続きは自己責任で行ってください。Googleカレンダーそのものの紹介や共有設定の手順は省略します。チームではすでにGoogleカレンダーを共有しているものとします。

Googleカレンダーと連携するSlack用のAppは多数ありますが、ここではチームで使うときに適した機能が備わっていて、設定画面が日本語化されている「Google Calendar for Team Events」をとりあげます。

ステップ1

Slackアプリの左側にある「App」の見出しをクリックします。右側の画面が変わったら、検索欄に「Google Calendar」のキーワードを入力します。「Google Calendar for Team Events」の「追加」をクリックします。

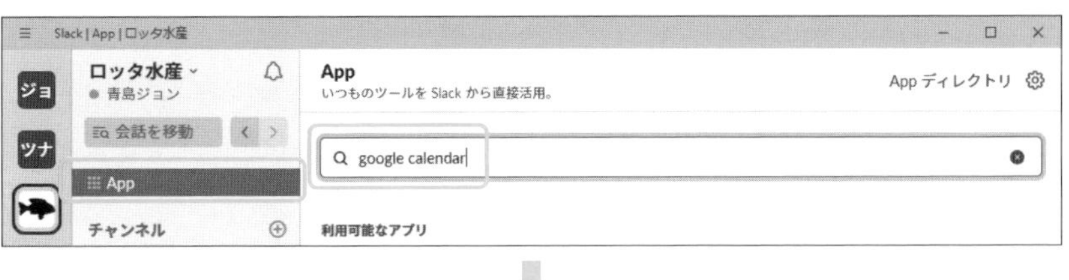

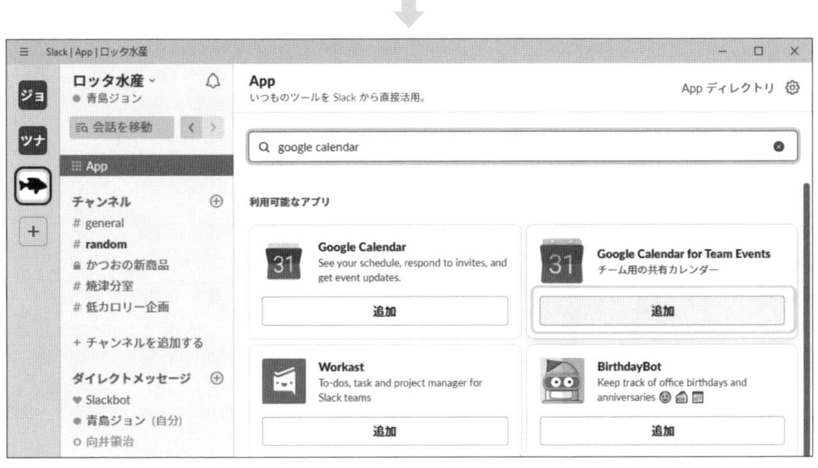

ステップ2

Webブラウザへ切り替わって紹介ページが開いたら、「Slackとカレンダーを連携させる」をクリックします。ページが変わったら、「Googleアカウントを認証する」をクリックします。

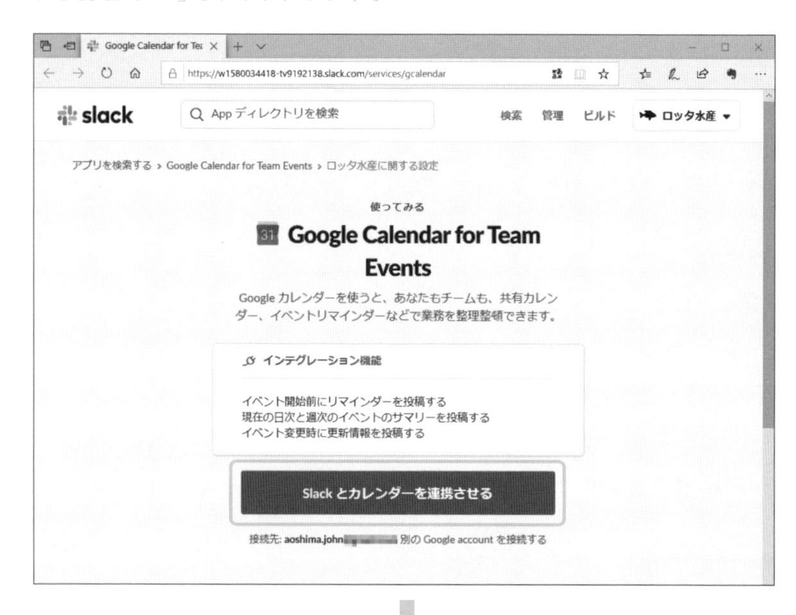

以後、表示に従って認証し、アクセスを許可してください。

ステップ3

連携方法の設定を行います。表示に従って設定し、ページ末尾の「インテグレーションの保存」をクリックします。

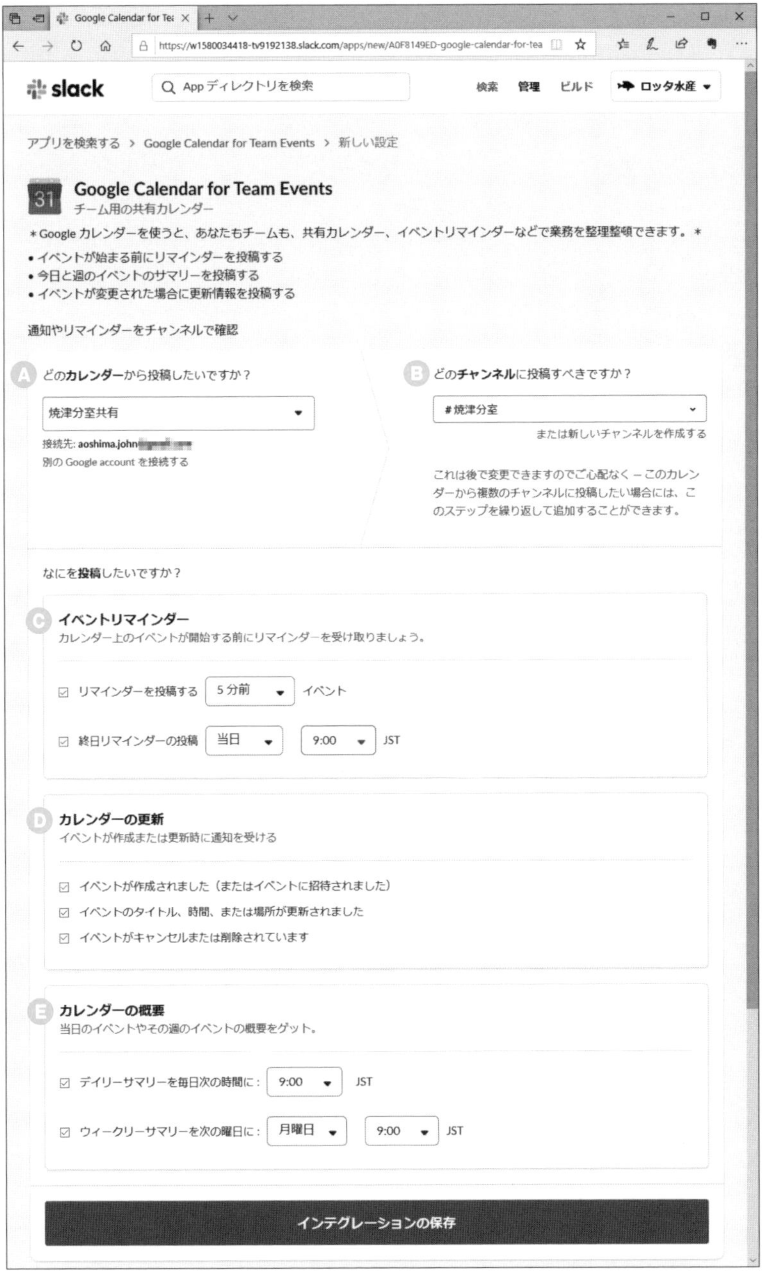

アプリを検索する > Google Calendar for Team Events > 新しい設定

Google Calendar for Team Events
チーム用の共有カレンダー

Google カレンダーを使うと、あなたもチームも、共有カレンダー、イベントリマインダーなどで業務を整理整頓できます。

- イベントが始まる前にリマインダーを投稿する
- 今日と週のイベントのサマリーを投稿する
- イベントが変更された場合に更新情報を投稿する

通知やリマインダーをチャンネルで確認

A どのカレンダーから投稿したいですか？
焼津分室共有
接続先: aoshima.john
別の Google account を接続する

B どのチャンネルに投稿すべきですか？
#焼津分室
または新しいチャンネルを作成する
これは後で変更できますのでご心配なく – このカレンダーから複数のチャンネルに投稿したい場合には、このステップを繰り返して追加することができます。

なにを投稿したいですか？

C イベントリマインダー
カレンダー上のイベントが開始する前にリマインダーを受け取りましょう。
☑ リマインダーを投稿する 5分前 イベント
☑ 終日リマインダーの投稿 当日 9:00 JST

D カレンダーの更新
イベントが作成または更新時に通知を受ける
☑ イベントが作成されました（またはイベントに招待されました）
☑ イベントのタイトル、時間、または場所が更新されました
☑ イベントがキャンセルまたは削除されています

E カレンダーの概要
当日のイベントやその週のイベントの概要をゲット。
☑ デイリーサマリーを毎日次の時間に： 9:00 JST
☑ ウィークリーサマリーを次の曜日に： 月曜日 9:00 JST

インテグレーションの保存

Ⓐ **「どのカレンダーから投稿したいですか?」**:Googleカレンダーにある「マイカレンダー」のうち、元のデータとしてどのカレンダーを使うのか指定します。プライベート用のものと分けたいときに便利です。

Ⓑ **「どのチャンネルに投稿すべきですか?」**:投稿先のチャンネルを指定します。プライベートチャンネルや、グループダイレクトメッセージも選べます。

Ⓒ **「イベントリマインダー」**:イベントの時間が近づいたことを知らせるメッセージを送信します。Googleカレンダーでもリマインダーを設定できますが、通知が二重になってしまうので、そちらはオフにしてもかまいません。

Ⓓ **「カレンダーの更新」**:ほかのメンバーにもGoogleカレンダーのイベントを直接操作できるように設定する場合は、オンにするとよいでしょう。

Ⓔ **「カレンダーの概要」**:1日または1週間のイベントをまとめて指定日時に送ります。デフォルトのように設定すると、今日の予定を毎日朝、今週の予定を毎週月曜日にまとめて確認できます。

ステップ4

「カレンダーが接続されました!」と表示されたら、「完了です!」をクリックします。

このアプリでは特定のチャンネルへ投稿するので、Slackアプリの画面左側に新しく項目が増えることはありません。

ステップ5

Googleカレンダーに登録したイベントが、設定に従ってメッセージで案内されます。

5-3-6 Evernoteアプリをインストールする

Windows Mac アプリの活用例として、もう1つ「Evernote」との連携を紹介します。手続きは自己責任で行ってください。Evernoteそのものの紹介は省略します。ここでは、Slack内のメッセージをEvernoteのノートとして記録する(クリップする)手順を紹介します。

ステップ1

Slackアプリの左側にある「App」の見出しをクリックします。右側の画面が変わったら、検索欄に「Evernote」のキーワードを入力し、「Evernote」の「追加」をクリックします。

ステップ2

Webブラウザへ切り替わって紹介ページが開いたら、「Slackに追加」をクリックします。Evernoteへログインを求めるページへ移ったら、「Slackに接続」をクリックします。

ログインする必要があるときは、表示に従って操作してください。

ステップ3

連携の許可を求めるページへ移ったら、「Continue」をクリックします。アクセスの許可を求めるページへ移ったら、「承認する」をクリックします。

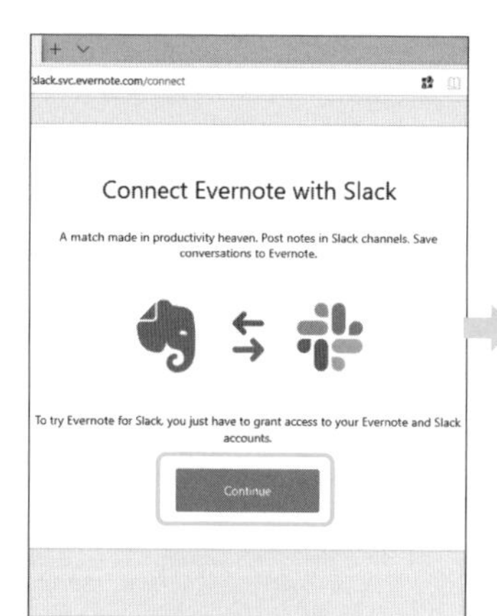

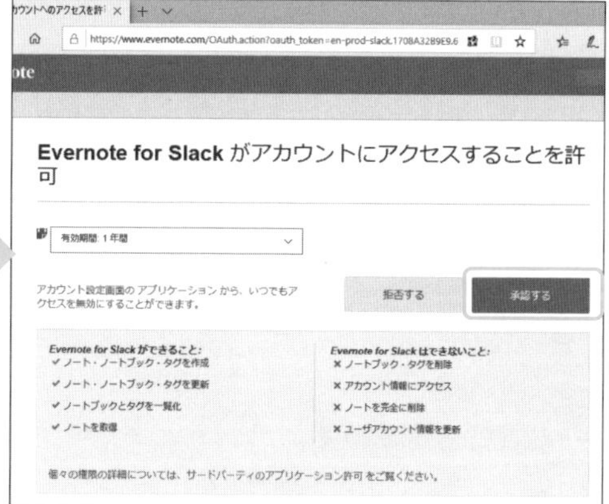

ステップ4

Slackのサイトへ戻ったら、「許可する」をクリックします。「Success!」のページへ移ったら、「Go to Slack」をクリックします。

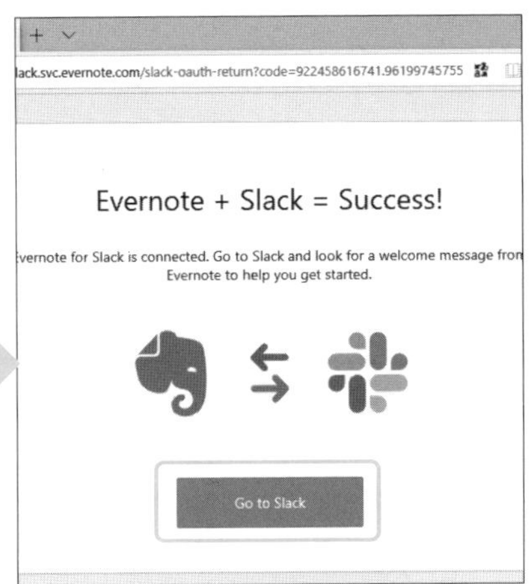

これで設定は完了したので、Webブラウザを閉じて、Slackアプリへ戻ってください。

ステップ5

画面左側の「最近使用したアプリ」に「evernote」が追加されます。

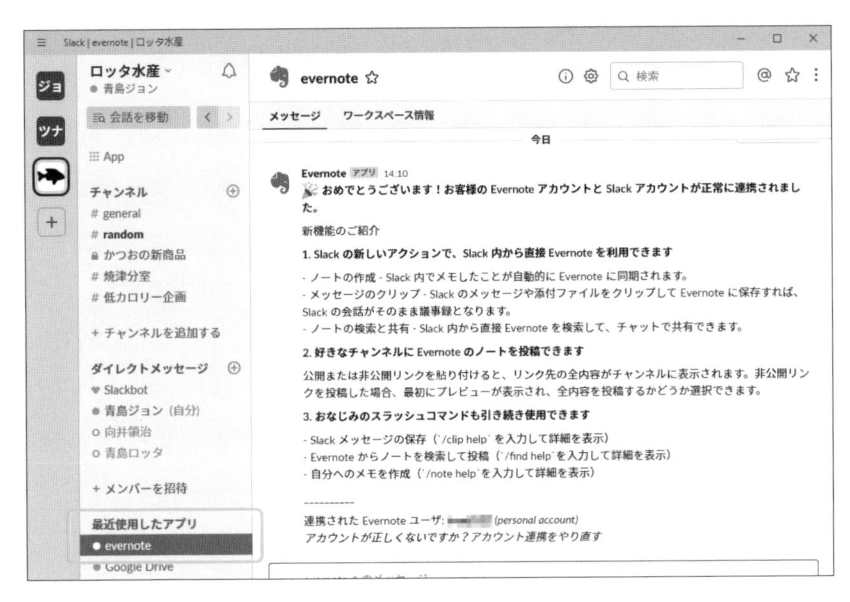

5-3-7 SlackからEvernoteへクリップする

Windows Mac Slackでやりとりしたメッセージを Evernoteのノートへ記録できます。手順は次のとおりです。

ステップ1

目的のメッセージにポインタを重ね（クリックしないでください）、右上に表示されたボタン類から「その他」→「Clip messages...」を選びます。

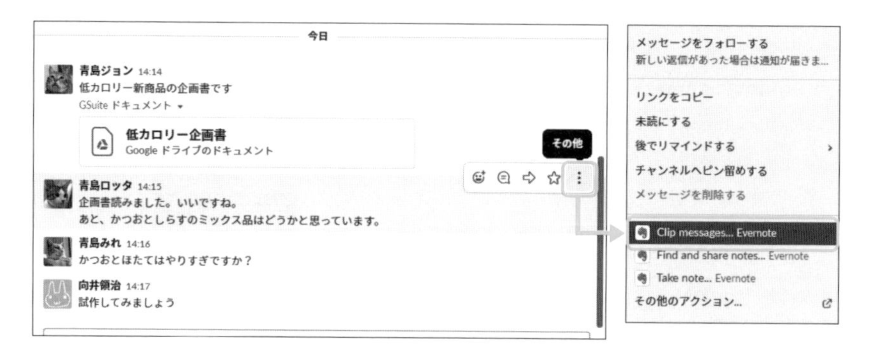

ステップ2

クリップする対象を選択できます。ここでは「この日のすべてのメッセージ」を選びます。

たとえば「このメッセージのみ」を選ぶと、メニューを開いたメッセージ1件だけをクリップします。「この日のすべてのメッセージ」を選ぶと、メニューを開いたメッセージと同じ日にやりとりされたすべてのメッセージをクリップします。

ステップ3

操作結果がメッセージとして報告されます。「ノートを表示」をクリックします。

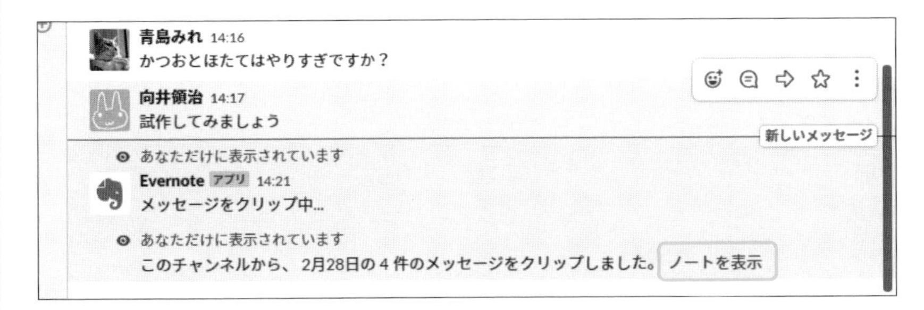

ステップ4

Webブラウザへ切り替え、いまクリップしたノートを表示します。

なお、リンクされているファイルがクリップされていないのは、Googleドライブで作成したものだからです。外部のサービスではなく、ワークスペースへ保存したファイルであればEvernoteへクリップされます。

● NOTE　iPhone　Android　目的のメッセージを長押しし、メニューが開いたら「Clip messages...」を選びます。クリップする対象の選び方はパソコンと同じです。

5-3-8 Appの管理

Windows Mac インストールしたAppを、設定を変更したり、削除したりするには、以下の手順で操作します。

ステップ1

Slackアプリの左側にある「App」の見出しをクリックします。右側の画面が変わったら、右上にある歯車のアイコンをクリックして、メニューが開いたら「App管理」を選びます。

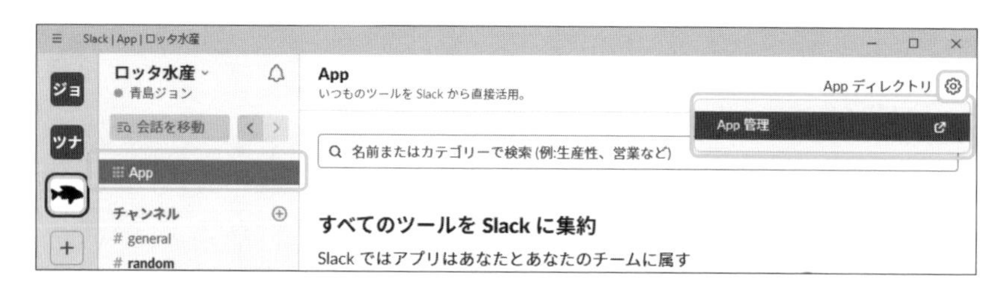

ステップ2

Webブラウザへ切り替わり、「App管理」のページが開きます。目的のアプリをクリックします。

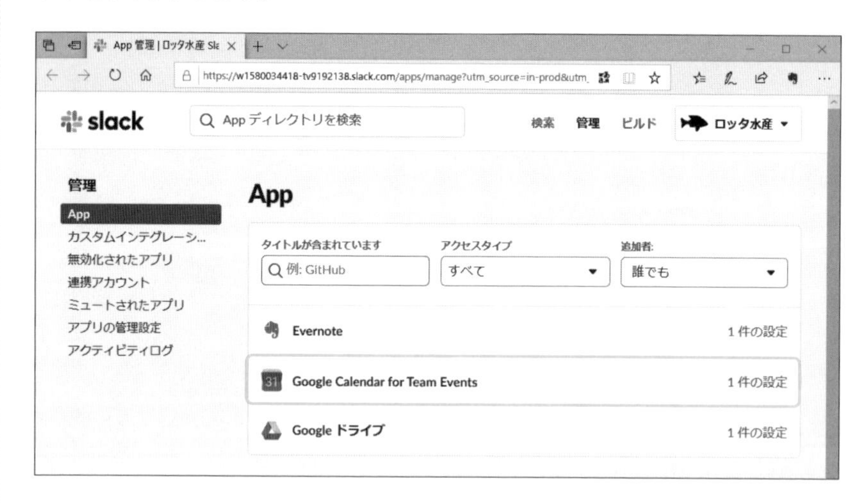

ここでは、「Google Calendar for Team Events」を選んで、設定内容を変更することにします。

ステップ3

以後はAppごとに画面が異なるので、それぞれの画面をよく見て操作してください。

「Google Calendar for Team Events」の場合は、鉛筆アイコンで設定の変更、ごみ箱アイコンで設定の削除を操作できます。

ステップ4

表示に従って操作します。

Ⓐ「有効にする」:スイッチをオフにすると、一時的にAppを無効にします。

Ⓑ「削除する」:この設定を削除します。

なお、一部のAppでは、設定を変更できない、Appとの連携がないなどと表示されることがあります。動作が正常であれば無視してもかまいませんが、設定を変更するためにどうしても操作が必要な場合があります。その場合は、ページをリロードする、いったん無効にする、アプリを削除してやり直すなどをしてみてください。

● ● ● ● ● ●

このWebページで、Appをインストールする権限を承認制へ変更できます。これには、ページ上端にある「管理」→「アプリの管理設定」の順にクリックし、「アプリを承認する」をオンに設定します。デフォルトではオフで、誰でもAppをインストールできます。

■Appのインストールを承認制へ変更する

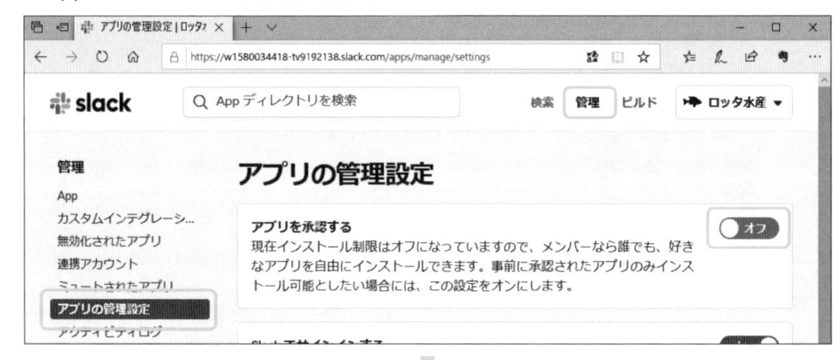

INDEX

▶ 記号

@channel……273
@everyone……273
@here……273
@相手名……271
#general……145
#random……145
Google Calendar for Team Events……319
/remind list……119

▶ A

Android版の画面構成……58
App……309
App Store……35
「App管理」……328

▶ C

「Clip messages...」……326

▶ E

Evernote……323
Evernoteへクリップ……326

▶ G

Googleカレンダー……319
「Googleドキュメントを作成する」……317
Googleドライブ……309

▶ I

iPhone版の画面構成……56

▶ M

Mac App Store……23
Mac版の画面構成……54
Microsoft Store……22
my.slack.com……130

▶ P

Play Store……35

▶ S

Slack App……15、309
Slackbot……114、117、121
Slackbot返信……210
slack.com……19
slack.com/create……150
「Slackでチャンネルを表示する」……28、40
「Slackワークスペースを検索」……24
Slackを終了……49

▶ U

URLを入力……92

▶ W

Windows版の画面構成……54

▶あ

アーカイブ……281
「アカウント種別」……186
「アカウント設定」……197
「アカウントを解除する」……188, 193
「アカウントを有効化する」……189
アクティビティ……275
アクティブ……73
「新しいキーボードを追加…」……96
「後でリマインドする」……113

▶い

「今すぐ参加」……180, 183
「今すぐ通知を再開」……77
引用……90, 91
インラインコード……93

▶う

「ウィンドウが閉じてる間もアプリを通知領域で起動中にしておく」……51

▶え

「絵文字」……205
絵文字リアクション……255
「絵文字を追加する」……203
絵文字を入力(Android)……97
絵文字を入力(iPhone)……96
絵文字を入力(パソコン)……95
絵文字を文字で入力……98
エモティコン……99

▶お

オーナー……149
「オーナーの権限を譲渡する」……190
「オフライン」……75
おやすみモード……73, 77, 81
「おやすみモードのスケジュール…」……79
音声通話……230

▶か

「外部リンク」……300
カスタム絵文字……202
「カスタム絵文字とローディングメッセージ」……208
画像を送信(パソコン)……106
画像を送信(Android)……110
画像を送信(iPhone)……108
管理者……149

▶き

共有……12

▶く

グループダイレクトメッセージ……225

▶け

検索……286

▶こ

コードブロック……93
「コードまたはテキストのスニペット…」…301

「このチャンネルをアーカイブする」……281
「このチャンネルを削除する」……283

▶さ
「サイドバーのテーマ」……125
サインアウト……51
サインイン（パソコン）……44
サインイン（モバイル端末）……46
サブメニュー……56, 58

▶し
「下書き」……88
氏名……60
「写真」ライブラリ……108
斜体……90, 91
招待されたメンバー……188
招待メール……18
「招待リクエストの送信先を入力…」……177
「招待リスト」……176
「招待リンクを共有する」……172

▶す
スター……258
スタンダード……21
ステータス……67
ステータスのリストを変更……140
「ステータスを設定」……67, 69
スニペット……301
「スヌーズ」……115, 118
「すべての管理者、Slackbot経由」……177
スマイルアイコン……95
スラッシュコマンド……112
スレッド……256

▶せ
「設定と権限」……128

▶た
ダイレクトメッセージ……82, 219, 220

▶ち
「チームのURLがわからない?」……48
地球儀アイコン……96
チャンネル……14, 145
「チャンネル管理」……284
「チャンネル詳細」……279
「チャンネルに参加する」……242, 244
「チャンネルにメンバーを追加する」……245
チャンネル名のプレフィックス……237
チャンネルをアーカイブ……281
チャンネルを削除……283
チャンネルを退出……252
チャンネルを作る……233, 234
「チャンネルをブラウズ」……241

▶つ
通常メンバー……149, 188
通知……264
「通知のタイミング」……270
「通知を一時停止する」……76

▶て
「データをエクスポート」……166
「テーマ」……124
「テーマをカスタマイズして他のメンバーと共有する」……126
「デフォルトのチャンネル」……172

▶と
取り消し線……90, 91

▶は
「パスワードの強制リセット」……189
バックグラウンドで動作(Windows)……49
パブリックチャンネル……146
番号付きの箇条書き……90, 91
番号なしの箇条書き……90, 91

▶ひ
左サイドバー……56, 58
ビデオ通話……230
表示名……60
ピン留め……260
「ピン留めアイテム」……262

▶ふ
ファイルの保存容量……290
ファイルをアップロード……290
ファイルを検索……286
太字……90, 91
プライベートチャンネル……147
「プライベートチャンネルに変換する...」……228
プライマリーオーナー……149
フリープラン……21
プロフィール……60
「プロフィール&アカウント」……61
プロフィール写真……60
「プロフィールを編集」……61, 65

▶へ
ベルのアイコン……76
ヘルプの検索……122

▶ほ
「他のワークスペースにサインインする」……132, 156
ポスト……301, 304

▶ま
マイキーワード……273
「マジックリンクをメールで送信」……47

▶み
ミー文字……97
右サイドバー……56, 58
ミュート……276

▶め
メインメニュー……56, 58
メールアドレスを変更……196, 200
「メッセージのスペルチェックを有効にする」……93

メッセージを検索……286
「メッセージを削除する」……102, 105
「メッセージを編集する」……101, 104
メンション……271
「メンションやダイレクトメッセージに関するメール通知を受信する」……270
メンバー一覧……216
「メンバー管理」……185
メンバー種別……148
メンバー招待のリクエスト……178
「メンバーディレクトリ」……218
メンバーの削除……250
メンバーの種別を変更……187
「メンバーを招待」……171, 174
「メンバーを追加する」……248

▶も

文字を装飾……90
文字を装飾(記号入力)……93

▶り

離席中……73, 75
「離席中:アクティブに変更」……74
リマインダー……112
「リマインダーを設定する」……116
「リマインダーを表示する」……119

▶ろ

ログイン状態……73, 75
「ログイン状態を離席中に変更」……74

▶わ

ワークスペース……14, 144
ワークスペース管理のWebページ……130
「ワークスペースディレクトリ」……216
「ワークスペースにサインインする」……32
「ワークスペースのアイコン」……135
「ワークスペースの設定」……128
「ワークスペースのメンバー全員のパスワードをリセットする」……189
「ワークスペース名を変更する」……139
「ワークスペースリスト...」……165
ワークスペースを切り替える……158
「ワークスペースを削除する」……168
「ワークスペースを新規作成」……24, 38, 160
「ワークスペースをスタート」……24
ワークスペースを追加……150

■著者プロフィール

向井領治(むかい りょうじ):

実用書ライター、エディター。1969年、神奈川県生まれ。信州大学人文学部卒。パソコンショップや出版社の勤務などを経て、96年よりフリー。
単著は『考えながら書く人のためのScrivener入門 ver.3対応改訂版』(ビー・エヌ・エヌ新社)『はじめての技術書ライティング』(インプレスR&D)など29点。共著は『ノンプログラマーなMacユーザーのためのGit入門 ～知識ゼロでスタート、ゴールはGitHub～』(大津真との共著、ラトルズ)など31点。

Web:mukairyoji.com
Twitter:@mukairyoji

「明日からSlack使って」と言われたら読む本

2020年3月31日　初版第1刷発行
2020年6月20日　初版第2刷発行

著者　向井領治
装丁　VAriantDesign
編集　ピーチプレス株式会社
DTP　ピーチプレス株式会社

発行者　黒田庸夫
発行所　株式会社ラトルズ
〒115-0055　東京都北区赤羽西4丁目52番6号
TEL　03-5901-0220(代表)　FAX　03-5901-0221
http://www.rutles.net

印刷　株式会社ルナテック

ISBN978-4-89977-502-7